農と言える日本人

福島発・農業の復興へ

野中昌法

有機農業選書 6

コモンズ

はじめに

原子力発電所は近代文明の象徴であった。二〇一一年三月に起きた東日本大震災に伴う東京電力福島第一原子力発電所の事故は、風評被害も含めて、東日本、とりわけ福島県の第一次産業に莫大な被害をもたらした。それは、東京電力が想定する以上の高さの津波の可能性が指摘されていたにもかかわらず、対応を怠ったことによる人為的な事故である。

それまで、放射性物質による農地や山林の汚染は想定されていなかったため、対処する法律も被害を補償する法律もなかった。農家は自ら被害を証明しなければ、補償されなかったのである。原発事故後、福島県では広範囲に土が汚染され、将来を悩んで自殺する農家もあった。原子力発電所と農業は、決して共存できない。

だが、よく考えてみると、この原発事故以前から、日本の農業は危機的状況にあった。後継者の不足、農地や里山（森林）の荒廃、農薬や化学肥料による生態系の汚染、農産物の安全性に対する不安、農薬散布による農業者の健康への影響……。放射性物質の汚染による農業の危機は、それらを顕在化させたにすぎない。原発事故から三年が過ぎたいま、どれだけの日本人がこの状況に気づき、農業の将来に危機感をもっているだろうか？

福島県の浜通り（太平洋と阿武隈《あぶくま》高地にはさまれた地域）と中通り（阿武隈高地と奥羽山脈にはさまれた地域）は、古くから数年間隔でオホーツク海高気圧の影響による冷たい「やませ（偏東風）」が夏に吹き、冷害を受けやすかった。そこで、江戸時代から長年、冷害を克服するために、稲の品種改良や冷害に強い苗づくり、灌漑（温かい水の利用）、排水（水田に水を溜めて温かくするために水を多く流さない）、肥料の工夫（里山（森林）の落ち葉、草や家畜糞尿の有機物の利用）、農具や農耕馬の改良などの努力を続けてきた。それは必然的に、里山（森林）、家畜と人間が共生する有畜複合家族農業の発展につながっていく。

明治時代後期の福島県の資料によると、会津ではイネの品種だけで約六〇種あり、早《わ》稲《せ》、中稲《なかて》、晩稲《おくて》と植える時期が異なる稲を水田や地域ごとに分散して栽培し、冷害を軽減してきた。こうした自然と共生する農業の知恵と工夫は、農業近代化が進んだ一九六〇年代以降も家族農業を中心に脈々と受け継がれている。

また、朝晩と日中の温度差が大きく、晩秋から早春には霜がおりるため、病原性の微生物や昆虫が生育しにくい。したがって、病原菌や害虫の発生が少なく、野菜の味がよい。それゆえ、農薬や化学肥料を使用しない地域資源循環型の有機農業も盛んである。『会津農書』（佐瀬次右衛門著、全三巻、一六八四年）に代表されるように、地域資源を利用する優れた民間技術も少なくない。

私たち新潟大学・茨城大学・横浜国立大学・東京農工大学などの研究者有志はこの間、原発事故以前からさまざまな特徴ある取り組みを続けてきた二本松市東和地区、南相馬市、飯舘村などの復興を、農家に寄り添いながら、お手伝いしてきた。ただし、危機的なのは農業だけではない。私たちの活動を紹介した「教育ルネサンス」(『読売新聞』二〇一三年一二月七日)では、東京農業大学初代学長・横井時敬先生の言葉「農学栄えて農業滅ぶ」に言及し、こう述べていた。

「多くの教員が『大豆のデオキシリボ核酸(DNA)はわかっても、植物としての大豆を知らない学生は珍しくない』と指摘する事態が広がっている」

これは、学生だけでなく農学研究者にも当てはまる。現代の農学研究・農学教育も危機的状況にある。

福島県、そして東日本の農業の復興と振興は、農業現場と結びついた本来の農学の復権でなければならない。私たちは、この本来の農学を原発事故後の調査研究を通じて学んできた。

現場には、地域には、私たちが大学では学べない農業の本質がある。人間と自然を育てる「農業の力」がある。そして、人間も含めてすべての生き物を育てる農家の力がある。

自然生態系に則った農業の継続によって「自然が育ち」、農家が自然を丹念に観察して「作物を育てる」ことで「人間も育つ」。その結果として、協同で地域資源を利用しながら農家が自立していく。すなわち、「地域が育つ」。いま、農業の力が農業の復興・振興を後押ししている。

農学の本質を目指す私は、福島での調査・研究をとおして農業の力に改めて驚き、それを謙虚に受けとめ、農家とともに歩みつつある。農業の「育てる」力を基礎として、「農と言える」人たちを「育てる」ことこそ、いまの日本農業に必要だ。

二〇一一年五月から二〇一四年二月まで、私は福島県を二五〇回以上訪問した。通算滞在日数は約三〇〇日間に及ぶ。その過程で、多くの「農と言える」人たちと出会い、この本で紹介したいと思った。

この本は、福島を応援したいと考えている人たち、農業・農学を学びたい・学んでいる人たち、農業で自立を目指す人たち、農業を大切にしたい人たち、農業を誇りに思いたい人たちに、ぜひ読んでいただきたい。私はこの本をとおして、現場で謙虚に農家の声を聞き、農地や自然の現象に目を向けることの大切さが伝わり、それによって実践的な研究が発展して、本来の農学を確立できると確信している。

口絵1　ゆうきの里東和里山再生・災害復興プログラム

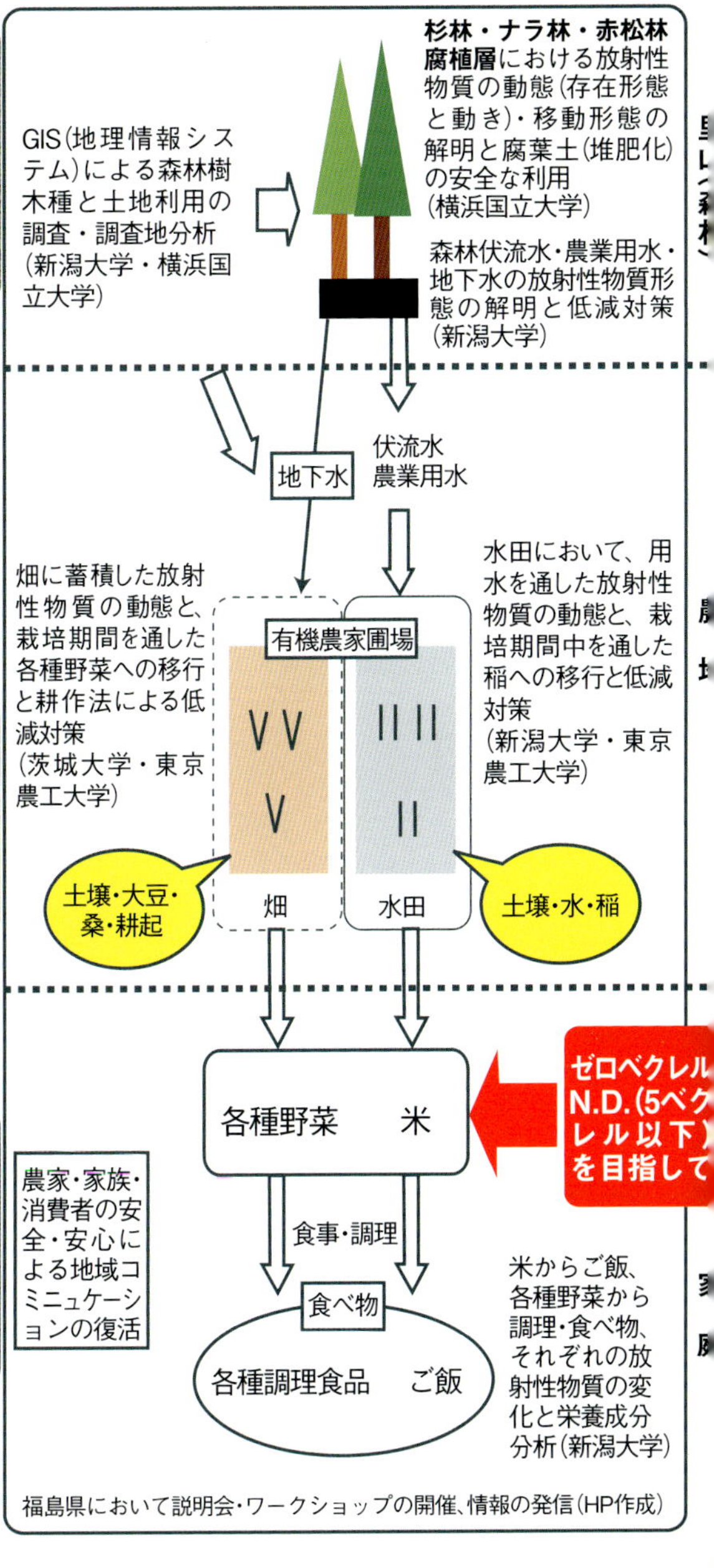

GIS(地理情報システム)による森林樹木種と土地利用の調査・調査地分析(新潟大学・横浜国立大学)
杉林・ナラ林・赤松林腐植層における放射性物質の動態(存在形態と動き)・移動形態の解明と腐葉土(堆肥化)の安全な利用(横浜国立大学)
森林伏流水・農業用水・地下水の放射性物質形態の解明と低減対策(新潟大学)
地下水
伏流水
農業用水
畑に蓄積した放射性物質の動態と、栽培期間を通した各種野菜への移行と耕作法による低減対策(茨城大学・東京農工大学)
有機農家圃場
水田において、用水を通した放射性物質の動態と、栽培期間中を通した稲への移行と低減対策(新潟大学・東京農工大学)
土壌・大豆・桑・耕起
畑
水田
土壌・水・稲
各種野菜　米
ゼロベクレル
N.D.(5ベク
レル以下
を目指して
農家・家族・消費者の安全・安心による地域コミニュケーションの復活
食事・調理
食べ物
各種調理食品　ご飯
米からご飯、各種野菜から調理・食べ物、それぞれの放射性物質の変化と栄養成分分析(新潟大学)
福島県において説明会・ワークショップの開催、情報の発信(HP作成)

口絵2　太田川流域の空間線量率（南相馬市原町区太田地区）

（注）新潟大学毘沙門チームが 2011 年 8 月 20 日に測定した。

口絵3 水田1枚ごとの空間線量率マップ（二本松市東和地区、1200カ所の一部）

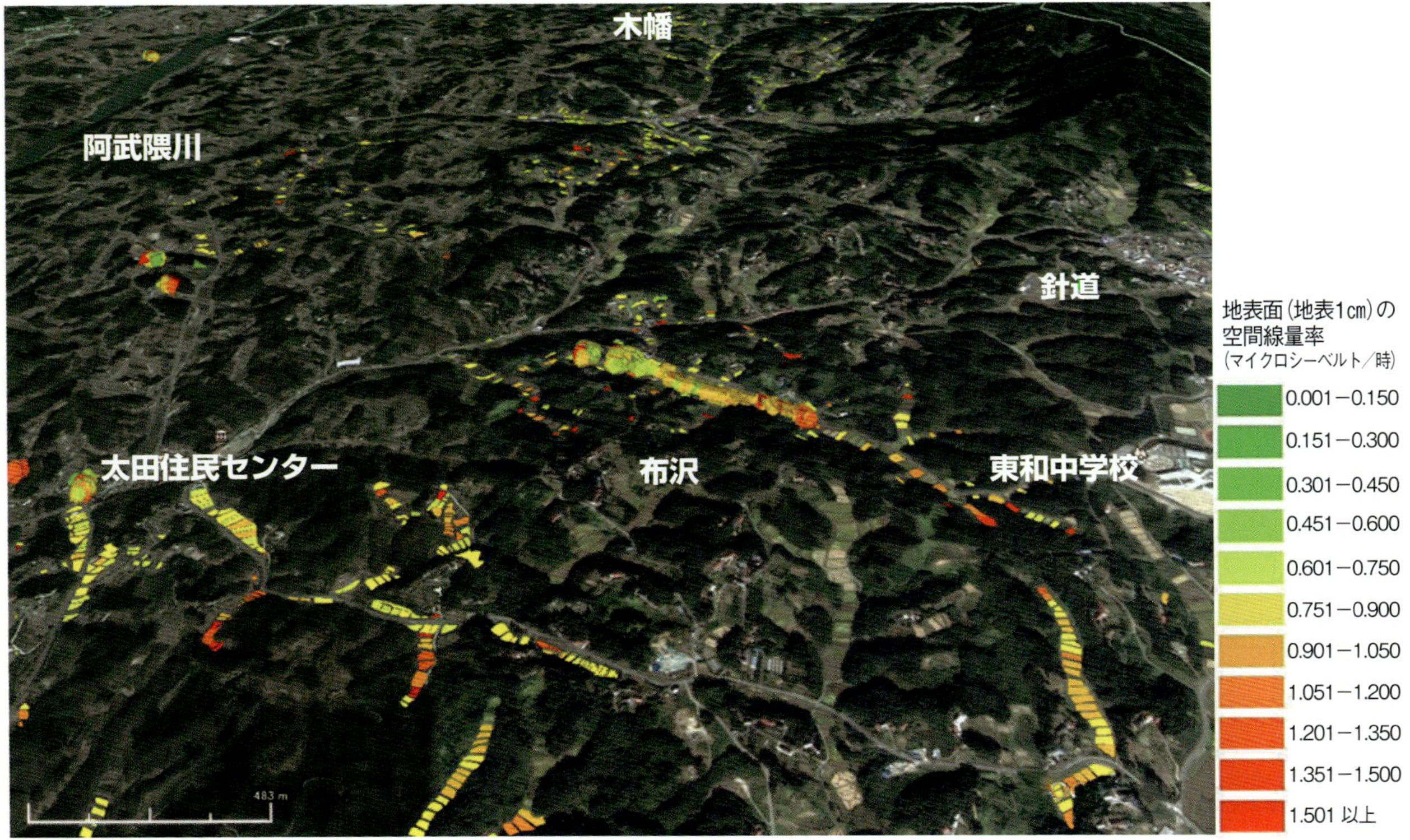

（注） 赤い部分は標高の高い棚田の休耕田。2011年11～12月に測定した。

口絵4　布沢集落（二本松市東和地区）の畦道の空間線量率

（注）2012 年 8 月 12 日に測定した。畦道に沿って農業用水が流れている。
（出所）新潟大学毘沙門チーム。

口絵5　布沢集落と仙道内集落（二本松市東和地区）の畦道の空間線量率（2012年9月、2013年5月）

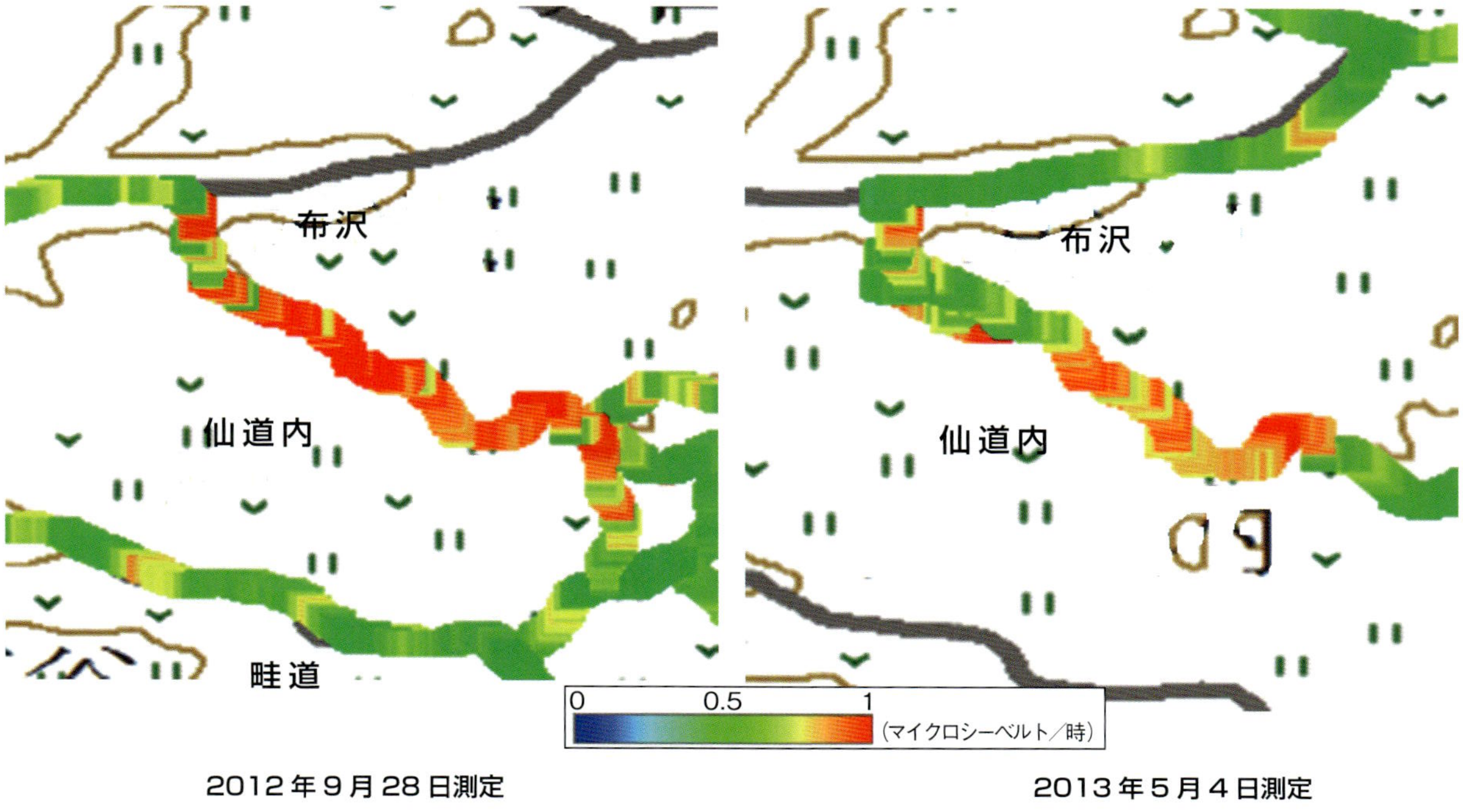

（注）II＝水田、V＝畑。

口絵6　白猪の森（二本松市東和地区）の林道の空間線量率

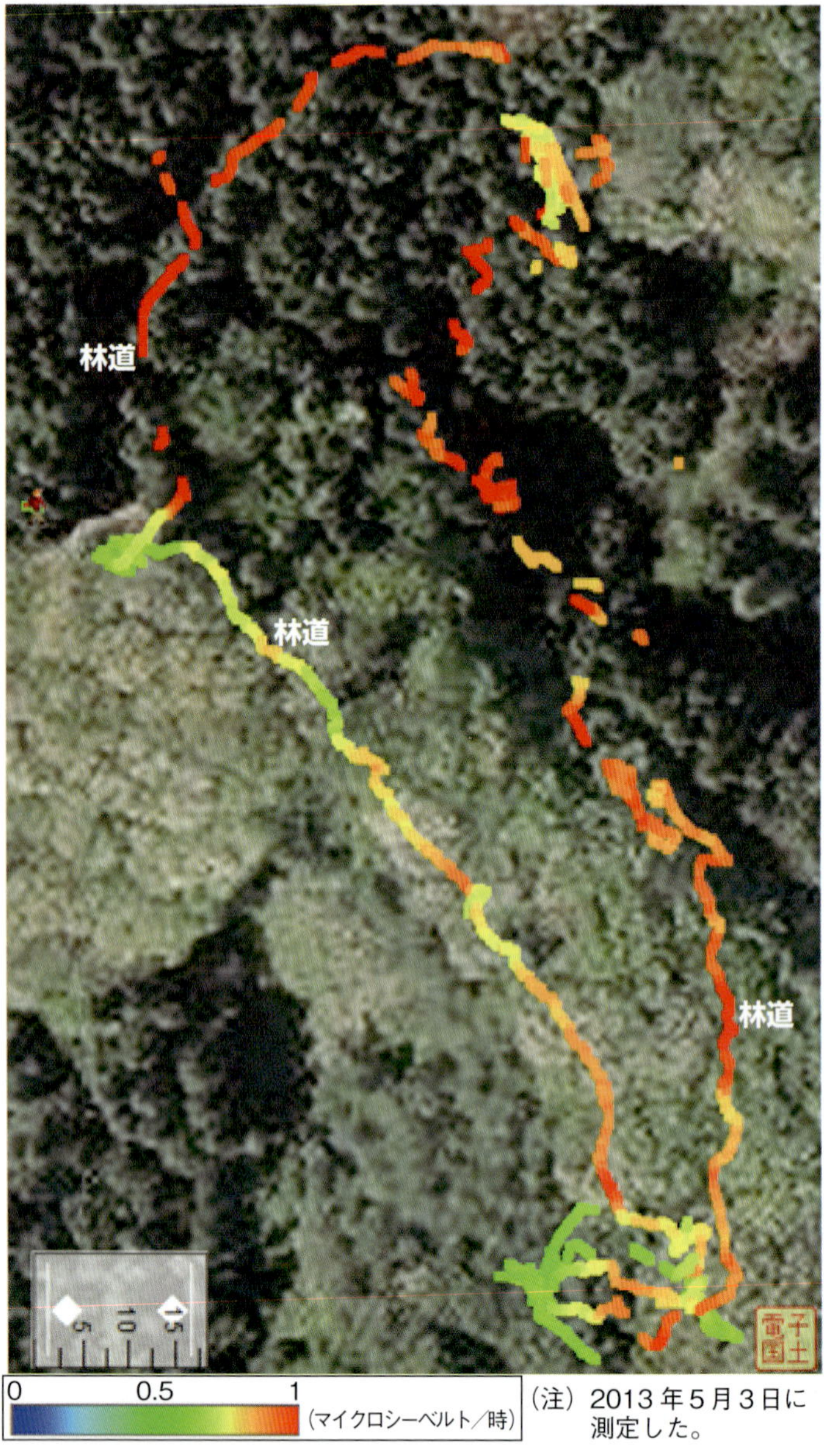

（注）2013 年 5 月 3 日に測定した。

口絵7　隠津島神社（二本松市東和地区）参道の空間線量率

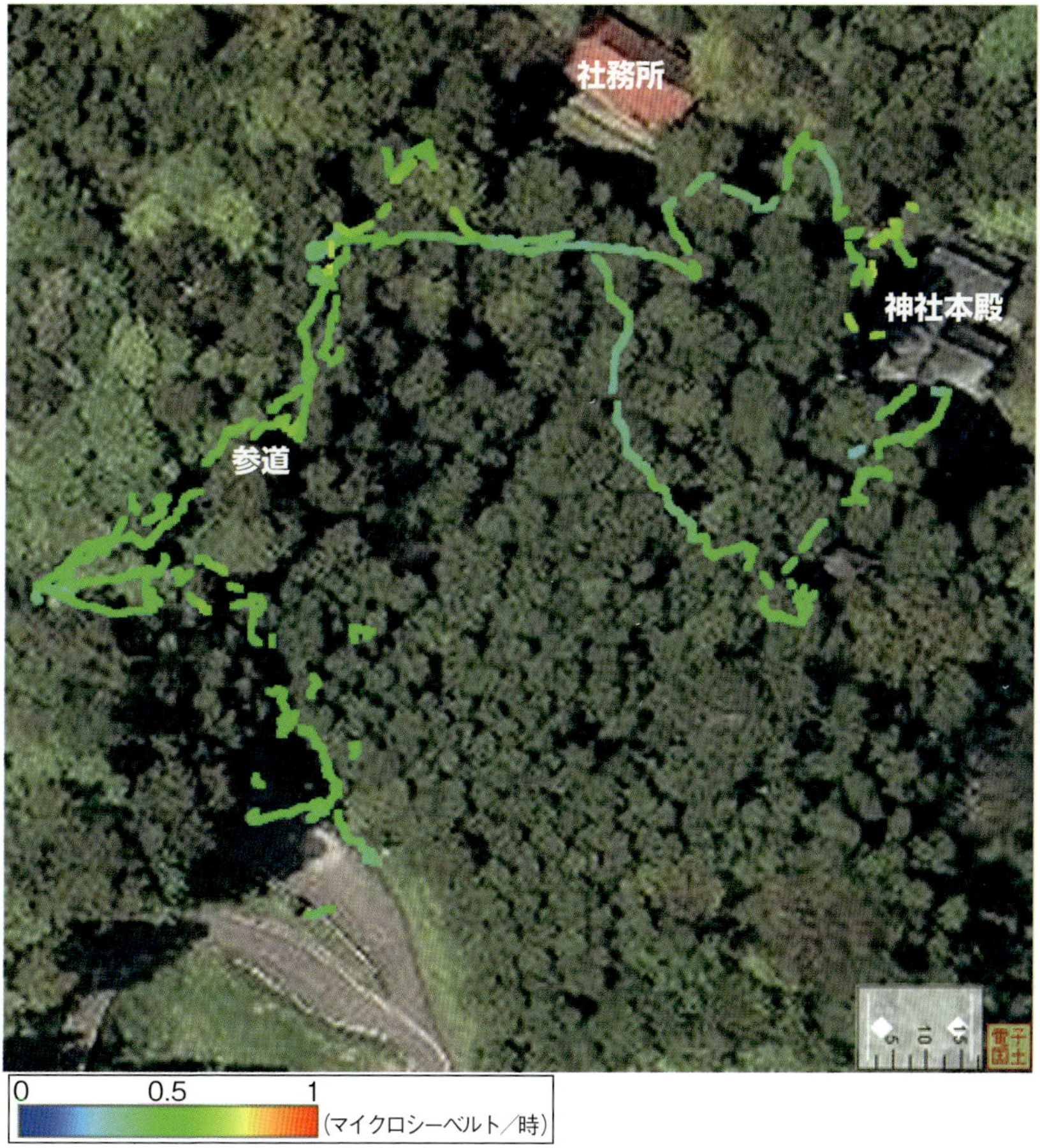

（注）2013年5月3日に測定した。

口絵8　ウッドチップによる放射性セシウムの除染

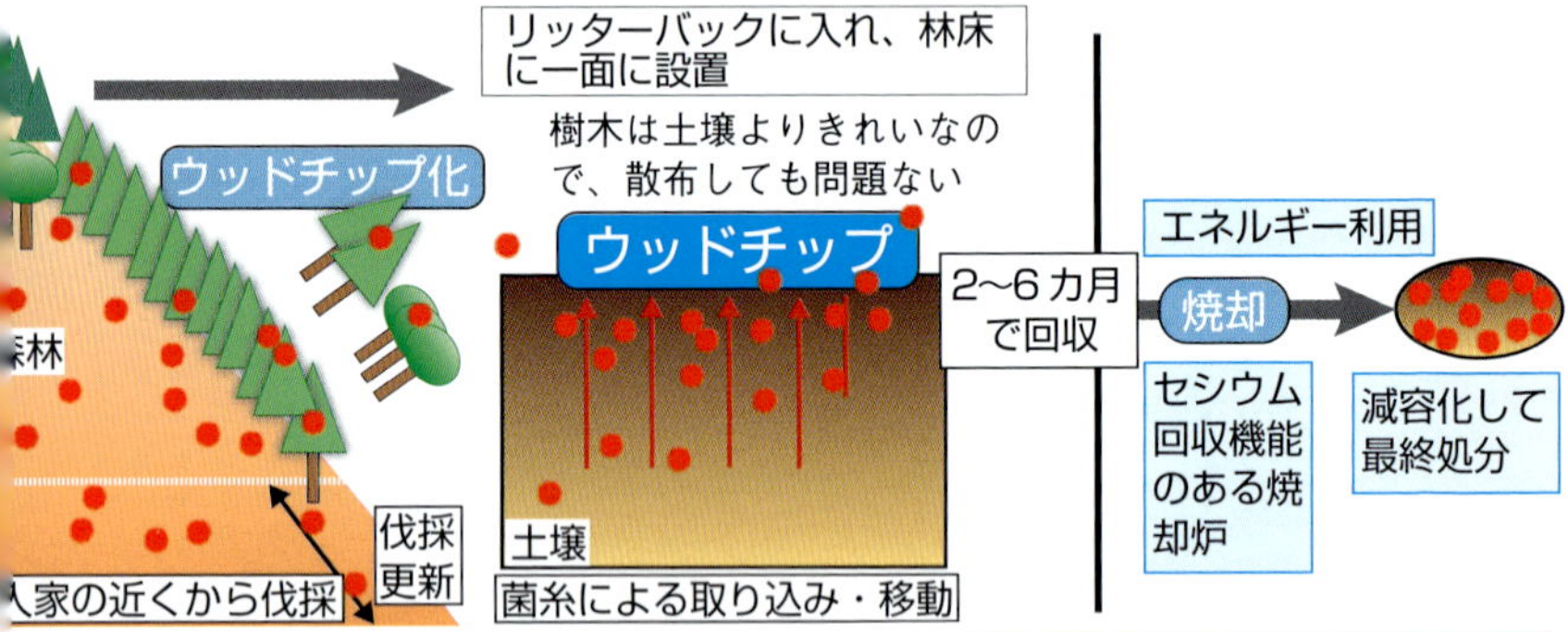

- 森林除染の決定打なし
- 森林管理の放棄は将来にわたって禍根を残す
- 既存の装置と自然の力を活用して除染を行う

土壌に生息する糸状菌がカリウムとともにセシウムを吸収する性質を利用する

- 針葉樹林でも広葉樹林でも可能
- 更新作業を継続して、雇用の確保、将来にわたって健全な森林管理を続ける
- 速度は遅いが、着実に除染を進行させる

ウッドチップへの吸収量は現地試験中
粘土への吸着が進む前に、ウッドチップを計画的に散布する必要がある

（出所）横浜国立大学大学院環境情報研究院・環境情報学府、金子信博氏。
TEL 045－339－4358　　kanekono@ynu.ac.jp

第1章

被災地で農家の生の声を聞く

1 現地調査での決断

二〇一一年五月六・七日、日本有機農業学会が企画した現地調査（団長＝澤登早苗・恵泉女学園大学教授）の一員として、相馬市、南相馬市、飯舘《いいたて》村、二本松市東和地区の現地視察（ルートは図1参照）と農家からの聞き取りを行った。私たちはこれをきっかけに、福島県内各地の農家の生の声を聞き、農家との協働調査研究と農業の復興・振興に向けた活動を始めていく。その過程で私は、農学のあるべき姿について考えてきた。

海水が流れ込む水田――相馬市

相馬市山上《やまかみ》で、渡辺正行さん、若松清一さん、松山喜一さんから話を聞いた。山上は、風光明媚な景観で知られる松川浦（細長い入り江）から直線で約八㎞離れている。津波の被害は受けなかったが、地震によって溜池ダムから流れる農業用水のパイプラインとＪＡの温湯消毒器（薬剤を使用せず、六〇℃のお湯で稲の種籾を殺菌消毒する）が損傷したという（相馬市の津波の高さは最高九・三ｍ）。

パイプラインの修理が間に合わなかったので、地区を流れる宇田川の水を利用できる農

図1　本書で取り上げた農業復興調査研究地区

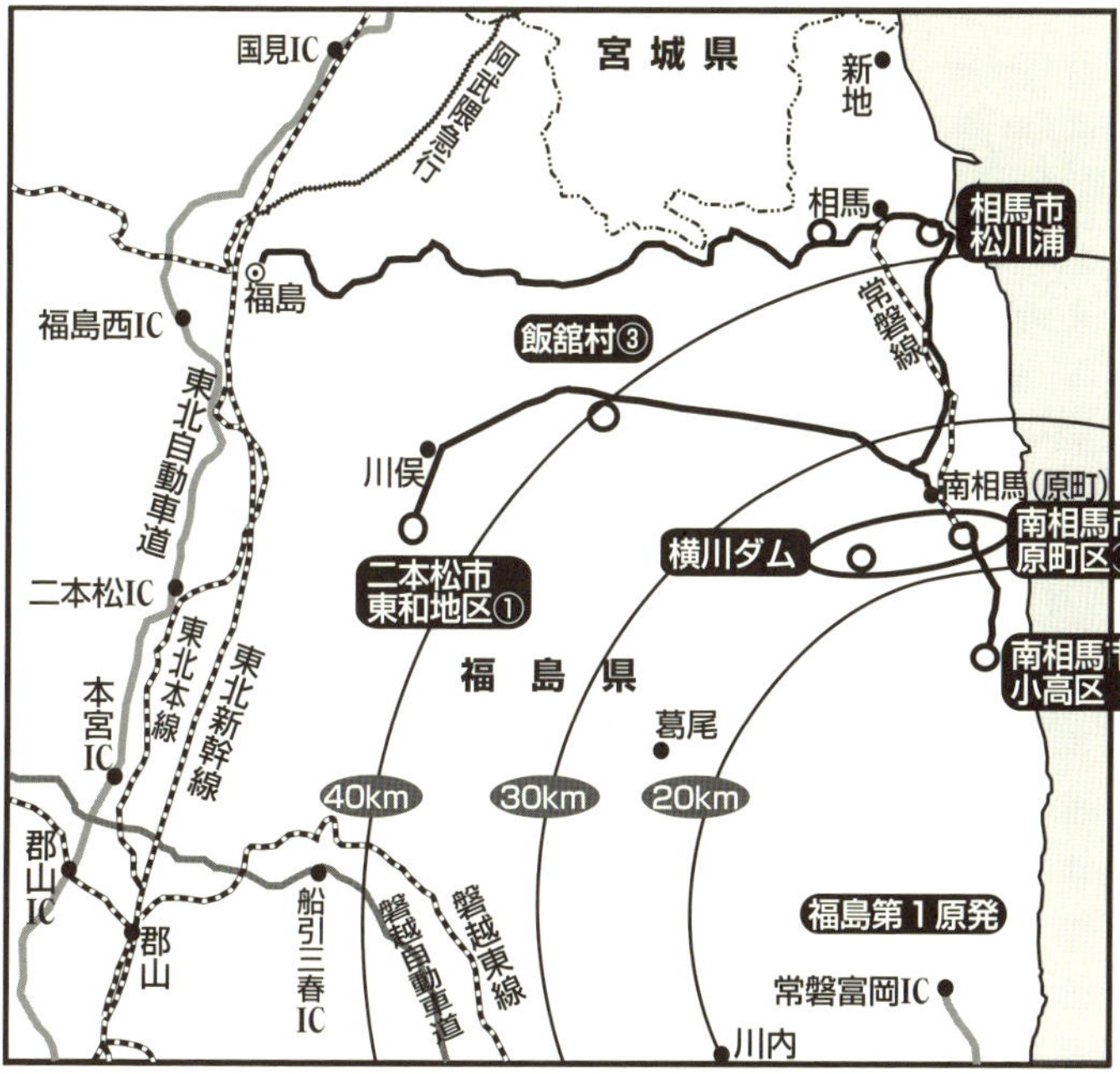

――― が2011年5月6・7日の現地視察ルート。
①2011年5月～
二本松市東和地区、NPO法人ゆうきの里東和ふるさとづくり協議会
②2012年5月～
南相馬市太田地区復興会議、太田区長会、太田まちづくり委員会
③2013年9月～
飯舘村大久保第一集落住民

家だけが作付けを準備した。例年、田への水の導入は四月二〇日ごろだが、津波による行方不明者の捜索を川の水が流れ込む海岸で続けている。そこで、人道的な配慮から、五月九日以降に水を入れることになった。当時、渡辺さんの水田土壌の放射性セシウム含量は一kgあたり六四〇ベクレル。国が出した作付けの目安である五〇〇〇ベクレルを大きく下回っていたものの、収穫後に玄米からセシウムが検出されないかを心配されていた。

渡辺さんは三月一一日、松川浦から二㎞ほど離れた場所で押し寄せてくる津波を体験されたそうだ。そのときの音は三重奏であったと語る。

「最初は、数百台の重機がゴーゴーと押し寄せてくる音です。ついで、建物がキー、ギーときしんで壊れる音。最後は、多くの人たちの悲鳴でした」

それが何回も繰り返し聞こえてきた。まもなく二カ月が経とうとしていた当時も、寝るときに耳から離れないと言う。

ＪＡそうまによると、管内(南相馬市、相馬市、新地町、飯舘村)の水田面積一万二〇六〇haのうち、津波で冠水して塩害を受けた水田が四三二一ha、原発事故の被害で作付けできなかった水田が五四三九haであった。二〇一一年に作付けされた水田面積は、相馬市と新地町の約一六〇〇haで、一三%にすぎない。畜産の被害も大きかった。震災前は、酪農、繁殖和牛、肥育牛、養豚あわせて三六四戸(四八六四頭)。だが、震災後には一〇一戸

風景が一変してしまった松川浦近くの水田（2011 年 5 月 6 日撮影）

（一二六一頭）と、戸数は三割弱、頭数は半分近くに減った。

聞き取り後、渡辺さんの案内で海岸から一㎞離れた松川浦を見学した。写真の遠くに見える建物は、震災の一カ月前に福島県内の有機農業者が会議を開いたホテルである。周辺の松林は、あとかたもない。

当時、ここには大潮のたびに海水が流れ込んでいた。水田は農業用水路が土砂で埋まり、土壌の表層に塩が蓄積していた。これは、塩と土を含む海水の濁流が水田に流れ込んで沈殿し、粒径の小さい塩の粒子が遅れて土壌の表面に蓄積したためである。

用水路を整備して水を流せば表層の塩

は流れるので、二～三年で農地として復旧できるだろうと推測した。ＪＡそうま管内では二〇一三年度、除塩作業によって、約二〇〇〇haの冠水した水田が作付けされたという。

稲の作付けを中止――南相馬市

松川浦から南相馬市（原町市、鹿島町、小高《おだか》町が二〇〇六年に合併）へ向かう。津波で流された家や家具などの残骸と壊れた車が農地に置き去りにされている光景を見ながら、原町区に着いた。福島第一原発から直線で二〇～三〇㎞だ。ここでは、有機農家の杉内清繁さんを訪ねた。自宅は福島第一原発から二一㎞。警戒区域（避難指示区域）まで数百ｍしかない。

南相馬市は当時、①警戒区域（原発から二〇㎞圏内）、②計画的避難区域（原発から二〇㎞以上離れているが、積算空間放射線量が二〇ミリシーベルトになる恐れがあり、一カ月以内に避難を求める）、③緊急時避難準備区域（原発から二〇～三〇㎞圏）、④それ以外の四つに分かれていた。

杉内さんによると、三月一三日の昼、福島第一原発方向で地響きのようなドーンという音がしたそうだ。原発が爆発したのではないかと思い、直ちに家族で郡山市に逃げた。そこで二週間滞在した後、宮城県（亘理《わたり》町）の叔父宅に避難。自宅に戻ったのは四月二四日だったという。

杉内さんは当時、福島県有機農業ネットワークの副代表を務めていた。営農内容は、水稲一〇ha（有機米三・七ha、特別栽培米六・三ha）とハウス野菜の栽培。原町区では「担い手育成基盤整備事業」（農水省）による農地基盤整備が一九九三年から始まり、農道やパイプライン整備を伴う一区画〇・五〜一haの大規模化が進んだ。しかし、杉内さんはこの事業に参加せず、従来の一区画三〇aの水田で、農薬と化学肥料を慣行栽培より五割以上減らす特別栽培に取り組んできた。本格的に有機農業に転換したのは、二〇〇二年である。

水田には、横川ダムを水源とする太田川の中流からパイプラインで水を引いているという（口絵２）。この地域の多くの水田は、同様に太田川を農業用水に利用している。だが、横川ダムは、原発事故直後に放射性プルーム（ガス状、粒子状の放射性ヨウ素や放射性セシウム）が多量に移動して雨や雪で降下した阿武隈高地に位置する。また、横川ダムの数km上流の鉄山ダムは地震で破損して、貯水機能が低下していた。

福島県では地震から約一カ月後に土壌調査を行い、前述の①〜③以外の地域では、土壌の放射性セシウム含量が一kgあたり五〇〇〇ベクレル以下（当時の基準値）であれば作付けを認めるという方針を出す。しかし、南相馬市では、五〇〇〇ベクレル以下であっても補償を国に求める方針を決めて、全市での稲の作付け中止を市議会で決める（野菜・果樹・

花卉については、作付制限はない）。杉内さんは、私たちにこう話した。

「放射性物質に汚染された土壌で作られた農産物が有機認証を受けられるか心配です」

当時この地域に詳細な農地汚染マップは存在していない（その後も国は二㎞メッシュ程度しか調査していない）。私は詳細な農地汚染マップ作成の重要性を身にしみて感じた。

続いて、警戒区域である小高区に足を伸ばし、福島県有機農業ネットワーク前代表の根本洸一さんにお会いする。根本さんは一九九九年に有機農業に転換し、有機米一・六ha（水田面積四・五ha）、有機大豆一・六ha（畑面積二ha）などを栽培してきた。そのときは、原発事故直後に情報がなく、どうすればよいかわからず、近くの学校に避難した様子と、地域の人たちの混乱状態を話された。その後、喜多方市に一時的に避難し、現在は相馬市にある親戚の空き家で暮らしている。

根本さんは二〇一二年と一三年に相馬市から通って、小高区の水田で試験栽培を行った。一三年度の結果からは稲作の再開にあたっての多くの課題が明らかになったが、それについては第2章で述べる。

農業者からの協力要請——二本松市東和地区

午後遅く、南相馬市から県道一二号線を西に向かう。八木沢峠を越え、無人の飯舘村を通過して、二本松市東和地区の「道の駅ふくしま東和」（以下「道の駅」）に到着。ＮＰＯ法人ゆうきの里東和ふるさとづくり協議会（会員約二六〇名、以下「ゆうきの里東和」）の理事たちと二時間にわたって意見交換し、夜は懇親会で遅くまで議論した。

ゆうきの里東和は二〇〇六年七月に、二本松市から道の駅の施設指定管理を任された。二〇〇六年度の事業高は三二〇〇万円（道の駅は一八〇〇万円）だったが、一〇年度には一億九五〇〇万円（道の駅は九三〇〇万円）にまで伸びている。これは、有機農産物や低農薬農産物の産直や店舗販売に加えて、養蚕の伝統を活かして新たに開発した桑の葉パウダー、桑の葉茶などの特産加工の成果である。二〇一一年度は二億円以上を目標としていた。その矢先に、原発事故が起きた。東和地区は福島第一原発から約五〇㎞離れている。

道の駅における意見交換会では、最初に、菅野正寿《すげのせいじ》理事（当時、以下同じ）から三・一一以降の状況と放射能対策が報告された。

「ゆうきの里とかかわりのある消費者や企業から線量計が送られ、四月末までに約八〇カ所の空間線量率（空間放射線量、一時間あたりマイクロシーベルト）を農家自らが地上一mの高さで測定し、マップ化してきました」

地図を見ると、場所によって空間線量率が大きく異なっていた。低いところでは〇・四マイクロシーベルト、高いところでは二・三マイクロシーベルト。概して、農地のほうが

意見交換会(2011 年 5 月 6 日)。左から大野達弘理事長、日本有機農業学会の長谷川事務局長と澤登会長をはさんで、武藤一夫副理事長、菅野正寿理事

里山より低い。ただし、低い場所は集落ごとに違うので、詳細な調査が必要だと感じた。

そして最後に、大野達弘理事がこれまでの取り組みをまとめて話された。

「ゆうきの里の名称には、有機農業によって地域資源が循環する故郷をつくる、顔が見える有機的な人との関係をつくる、勇気をもって挑戦するという三つの意味があります。これまで、有機農業を軸として、里山の再生、地域の再生、コミュニティの再生を行ってきました。私たちはこの地で農業を継続したいので、日本有機農業学会の皆さんには科学的な立場で協力をお願いしたい」

私たち日本有機農業学会に所属する研究者は、現場を大切にし、細分化して農業者から遊離した「木を見て森を見ない」農学者に警鐘を鳴らしてきた。この要請になんとか答えなければならない。意見交換会の終了後、隣に座っていた中島紀一・前会長（茨城大学教授）に言われた。

「野中さん、あなたが中心となってやらなければ」

この言葉が、私を決断させた。

農業は再開できそうだ

現地調査では、木村園子ドロテア・東京農工大学准教授が二本松市内の農地土壌（〇～五cm、五～一〇cm）を採取し、帰京後に分析した。その結果は以下のとおりである。

①放射性セシウムは九〇％以上が農地土壌の表層〇～五センチに集積している。

②場所によって、一kgあたり一〇〇〇～三万ベクレルと大きく変動する。

③土壌に蓄積している放射性セシウムは、半分が半減期約二・一年の放射性セシウム134、半分が半減期約三〇年の放射性セシウム137である。

放射性セシウム134の半減期を考慮すると、二年経過すれば土壌中の放射性セシウムは二五％減少する。したがって、田畑一枚ごとの空間線量率と、土壌中の放射性セシウム134と137の合計含量を詳細に調べてマップ化し、作物への吸収移行を抑える試験を行いながら、セシウム含量が低い農地から順次耕作を再開することは可能だろうと、私は考えた。ただし、そのためには、農家の外部被曝を少なくとも年間一ミリシーベルト程度にする努力を併行して行わなければならない。

実は、私を決断させた理由は、中島先生の言葉だけではない。一九五〇〜六〇年代に、アメリカ、旧ソ連、中国などの核実験で死の灰が日本に降下した際、私が勤務する新潟大学は農学部・医学部・理学部・工学部が共同して、生活環境や農業（野菜、森林、畑や水田の土壌など）に与える影響を調べ、膨大なデータを蓄積した。その調査の中心は、私が所属する農学部土壌学研究室の初代川瀬金次郎教授と横山栄造助手である。だから、私にとって放射能による土壌汚染は決して他人事ではない。

原発事故のほぼ一週間後の三月二〇日ごろからは、土壌学研究室のブログで、一九五〇〜六〇年代の調査研究結果をわかりやすい解説をつけて発信した。たとえば、次のような内容である。

①放射性セシウムは、粘土や腐植（植物体や堆肥などに含まれる有機物が分解・相互に結合し、安定した形で土壌中に存在したもの。これが地力を生む）含量が高いと吸着されやすい。

②放射性セシウムは、土壌中のカリウム含量が少ないと作物に吸収されやすい。

③マメ科の牧草は、放射性セシウムを吸収しやすい。

④露地野菜は、葉に放射性セシウムが吸着して、葉面に吸収されやすい。
⑤水はけの悪い水田では、放射性セシウムが土壌表層に蓄積されやすい。

一九五〇〜六〇年代に、放射性セシウム134と137は日本全土の土壌に一kgあたり合計約二〇〇ベクレル程度降下し、蓄積した。その後約五〇年が経過した原発事故直前には、放射性セシウム134は消滅しており、137の残存は土壌中に一kgあたり二〇〜四〇ベクレルであった。したがって、二〇一一年三月一二日以降に放射性セシウム134が一ベクレルでも検出されれば、それは原発事故によるものである(なお、半減期約二九年の放射性ストロンチウムも、一kgあたり二〇〇ベクレル程度、蓄積していた)。

里山の再生を目指して

ここで、私たちの活動の中心舞台となったゆうきの里東和をもう少し詳しく紹介しよう。

旧東和町では一九八〇年ごろから青年団活動を母体に、出稼ぎに頼らず農業で自立する道を着々と歩んできた。産業廃棄物処理場やゴルフ場の建設に反対し、少量多品目栽培の有機農業の確立や、いったん荒廃した桑畑の再生を実現してきたのである。さらに、二本松市への合併を控えた二〇〇五年には、地域全体で有機農業を進めていこうと、ゆうきの里東和を創設した。「ゆうきの里東和」宣言には、こう謳われている。

「この地は西に安達太良連峰を望み、木幡山、口太山、羽山の伏水が阿武隈川に注ぐ里山の営みが連綿と息づいてきました。(中略)わたしたちは心にやさしく、たくましく、生きる喜びと誇りと健康を協働の力で培います。わたしたちは『君の自立、ぼくの自立がふるさとの自立』輝きとなる住民主体の地域再生の里づくりをすすめます。わたしたちは歴史と文化の息づく環境を守り育て、人と人、人と自然の有機的な関係と顔の見える交流を通して、地域資源循環のふるさと『ゆうきの里東和』をここに宣言します」

その後、三〇名の新規就農者を受け入れ、里山の恵みを活かした故郷づくりを住民主体で進めてきた。三・一一以降も六名を受け入れている。そして、有機農家と畜産農家と企業が出資して牛糞、もみ殻、おがくず、食品残渣、飴玉など一四種類の資材を入れた「げんき堆肥」やボカシ堆肥を堆肥センターで製造してきた。また、「食べものが健康でなければ、人間も健康になれない。食べものの健康には土の健康が大切」という考え方のもとに、独自の認証制度を設け、「東和げんき野菜」のシールを付けた野菜を販売している。

この地域ブランドには五つの約束がある。

①畑の土壌診断(適正pH、窒素・リン含量を基準値以下にする)を毎年行う。

②げんき堆肥と有機質肥料を使用する。

③農薬と化学肥料の使用量を慣行栽培の半分以下にする。
④栽培履歴を記録し、提出する。
⑤葉物野菜の硝酸イオン残留値を測定し、ＥＵ基準の一kgあたり二五〇〇mg以下にする。

二日間の現地視察を終えた私は新潟に戻り、ゆうきの里東和事務局の海老沢誠さん（二〇〇七年秋に移住し、大野理事長のもとで農業研修を受けた）と連絡を取っていく。五月末には再度訪問して、農業復興と里山再生の方向性を話し合った。そして、三井物産環境基金の「二〇一一年度 東日本大震災 復興助成」に応募を決め、一〇月に採択される。

ゆうきの里東和では二〇〇九年から、地域コミュニティ・農地・山林の再生を目的とする「里山再生プロジェクト」を始めていた。そこで、このプロジェクトと歩調を合わせた「ゆうきの里東和里山再生・災害復興プログラム」を策定。ゆうきの里東和の会員が主体となり、日本有機農業学会はじめ各分野の研究者がサポートする形にした。その主眼は、人・土・水・食べ物の測定と把握、放射性セシウムの低減対策、地域コミュニティの復活である（口絵1）。その後、三井物産環境基金の「二〇一一年度 東日本大震災 復興研究」にも申請して、二〇一二年三月に採択された。

までいの里を忘れない

前述の意見交換会には、全村避難を余儀なくされた飯舘村の農家・高橋日出男さんも参加していた。人口約六〇〇〇人の飯舘村は福島第一原発の北西三〇～四五㎞に位置し、「までいライフ」の取り組みを進めてきたことで知られている。

「飯舘村は冷害の常習地帯で、貧しかったんです。私たちは村ぐるみで、米プラス野菜、米プラス牛プラス花など、稲作だけに頼らない複合経営で、飯舘ブランドをつくってきました。三〇代の後継者もできて、ようやく経営も軌道に乗ってきたところだったのに、本当に悔しい。賠償の問題ではないのです。東電・国は私たちの声を聞いてほしい」

この高橋さんの言葉は、いまも私の心に刻み込まれている。

までいの語源は「真手《まて》」という古語で、両手という意味。それが転じて、「手間暇惜しまず、丁寧に心をこめて、つつましく」という意味で使われている。エコ、人へのやさしさと言ってもよい。そうした飯舘流スローライフを「までいライフ」と呼んできた（「までい」特別編成チーム企画編集『までいの力』SAGA DESIGN SEEDS、二〇一一年）。

飯舘村では、このまでいの力で、村民同士が声を掛け合って、無縁社会を有縁社会にし、体を動かし、大地を耕し、土の声を聞き、元気になることで、限界集落を元気集落に変えてきた。までいの力で人と自然がつながり、豊かな資源あふれる里山や、安全な農産物を活かした独自のレシピをつくってきた。村民たちは言う。

「までいに飯を食わねば、バチがあたる」

「までいな料理は体にいい」

「美味しい旬は農家が一番知っている」

「孫にも、この味をしっかり伝えたい」

高橋さんが栽培を諦め、私たちに分けてくれたグラジオラスの球根は、私が暮らす新潟市の宿舎のベランダで花をつけた。恵泉女学園大学(東京都多摩市)でも澤登早苗教授と学生の手でキャンパスのハーブガーデンの一角に植えられ、「飯舘村を忘れない」との思いをこめて、毎年ワインレッドの花を咲かせているという(http://www.keisen.ac.jp/institution/farmgarden/report/no75.html)。

2　ゆうきの里の有機農業者たち――二本松市東和地区

ぶれず、めげず、しびらっこく、がんばっぺ

ゆうきの里東和理事長の大野達弘さん(一九五四年生まれ)は言う。

「原発事故の補償金は一時的なもの。生まれ育ったこの地で農業を続け、生活していく

ために、みんなでなんでもしていこう」

多くの新規就農者たちが大野農場で育ち、巣立った。彼らは、大野さんと妻の美和子さんの人柄に魅せられている。私は二〇一二年四月以降、調査の際に大野さんの農家民宿に二〇泊以上お世話になった。ご夫妻の前向きで、被害者でありながら、震災に関連して両親から離された子どもを長いあいだ自宅で世話するなど、誰にも優しく接する人柄に惹かれる。ご夫妻は二〇一〇年度の福島県農業賞（農業経営改善部門）を「早くから環境に配慮した有機農業」の実践を評価されて、受賞している。

大野夫妻の栽培内容は、大型ハウス七棟（合計約三〇ａ）でのミニトマト、トマト、キュウリ、小松菜、ほうれん草のほか、原木しいたけ一万三〇〇〇本、水稲一・五ha、ねぎ四ａ（露地）などである。しいたけは有機ＪＡＳ認証を取得し、ミニトマトとトマトは特別栽培認証を取得していた。私たちは、畑や水田を調査研究の実証圃場として提供していただいている。

さらに、コナラをしいたけの原木とするだけでなく、里山の保存にも力を入れてきた。福島県から「もりの案内人」の認定を受けている。ゆうきの里東和では、間伐材を利用して、森と触れ合い、森の役割や大切さを伝える木工教室を、子どもたちを対象に道の駅で開いてきた。

福島第一原発三号機が爆発した翌日の三月一五日、浪江町から二本松市に約三〇〇〇人が避難してきた。東和地区が受け入れたのは一五〇〇人で、道の駅にも数百人が滞在したという。大野さんは三月二三日、有機栽培の小松菜とほうれん草をトラクターで踏み潰し、処分せざるをえなかった。

「安全性に自信があったのに……。作物が安全であると言えるように早くしたい」

ゆうきの里東和のメンバーたちは避難者の世話をしながら、大きな不安のなかで過ごしていた。四月は作付けの準備の季節である。

「今年は農業が無理ではないか。たとえ栽培しても、収穫した農産物は食べられないのではないか。売れないのではないか。そもそも、子どもたちや孫たちは安心して生活できるのか？」

なかには「事実を知ることが怖い」という声もあったそうだが、大野さんはじめ理事たちは会員に粘り強く話して、作付けをみんなで決めた。

「この地で今後も生活するためには、作付けして収穫し、検査して、事実を知るしかない。福島の百姓は作って測るしかないんです」

一方、しいたけの原木は放射性セシウム値が高い。乾燥しいたけは二〇一一年一〇月に出荷制限となり、一四年二月時点でも制限は解除されていない。それでも、大野さんはめ

2013年9月に最初の収穫が行われた

げない。

「しいたけがダメならば、酒造りを行えばいい」

二〇一一年の春、安達太良山《あだたら》を望む台地の耕作放棄地に、大野さんも参加してブドウ（山ブドウとワイン用品種カベルネ・ソーヴィニヨンの交配品種ヤマソービニオン）が約一〇〇本植えられた。これらのブドウは無農薬で栽培され、二〇一三年九月に最初の収穫を迎え、一四年以降に本格的なワイン造りが始まっていく（四六ページ参照）。

大野農園・民宿の看板には、こう書かれている。

「ぶれず、めげず、しびらっこく。」

しびらっこくは、福島の方言で、

大野農園・民宿の印象的な看板

「しっこく」という意味だ。大野さんは言う。

「しびらっこく、がんばっぺ」

私はそこに、福島の百姓魂を感じる。

頼りになる事務局長

二〇一一年五月以来、東和地区を二〇〇回以上訪れている。そのたびに道の駅に顔を出す。いつも事務室で目につく位置に座って存在感があるのが、ゆうきの里東和専務理事・事務局長の武藤正敏さん（一九五一年生まれ）だ。新しい名刺には、こう書かれている。

「戦後生まれ、農家民宿『田ん坊』、白鳥神社太々神楽、ベンチャーズと寺内タケシが大好き……」

正敏さんはもともと東和町の農政課長で、神楽では踊りの名手だ。二〇一三年に再結成されたオヤジバンドでは、リードギターを担当している。

東和はかつて養蚕が盛んだった。農家民宿「田ん坊」の一部は、昔の蚕部屋を改造している。正敏さんによると、一九七〇年代の最盛期には生糸の生産額が一三億円にも達したが、二〇〇〇年には三〇〇〇万円と五〇分の一近くまで激減。その結果、桑畑を中心とする耕作放棄地の割合が福島県内の市町村でもっとも高くなったという。当時の高齢化率は三〇・五％で、農家の七割が七〇歳以上だった。

蚕はエサとして桑を食べる。だから、桑畑に限らず周辺農地でも殺虫剤を使用していなかった。正敏さんは「東和では有機農業は当たり前だ」と言う。そして、直売所出荷の会、有機農業生産団体、東和町特産振興会、とうわグリーン遊学（グリーンツーリズムの準備会）などが活動していた。二〇〇三年ごろから合併の動きが始まると、有機農業を実践していた大野さんや佐藤佐市さん（ゆうきの里東和前副理事長）らの呼びかけで、これらの一五団体が集まり、ゆうきの里東和が結成される。正敏さんが語る。

「中山間地の農家は土地が狭く、条件も悪い。みんなで協力して農業をしていかないと、平場の農村に太刀打ちできないので、昔から東和の農家は仲が良かった」

最近、お会いしたときは、こう言っていた。

「土は正直だから、汚染をきちんと調べて、公開して、みんなで考えなければならない。隠したり嘘を言ってはダメだ。特定秘密保護法が成立すると、福島のデータが隠されてしまうのではないか」

私は二〇一一年五月から正敏さんたちと一緒に調査地域の選定を始め、地形、福島第一

図2　東和地区の概要と調査地点（①〜⑥）

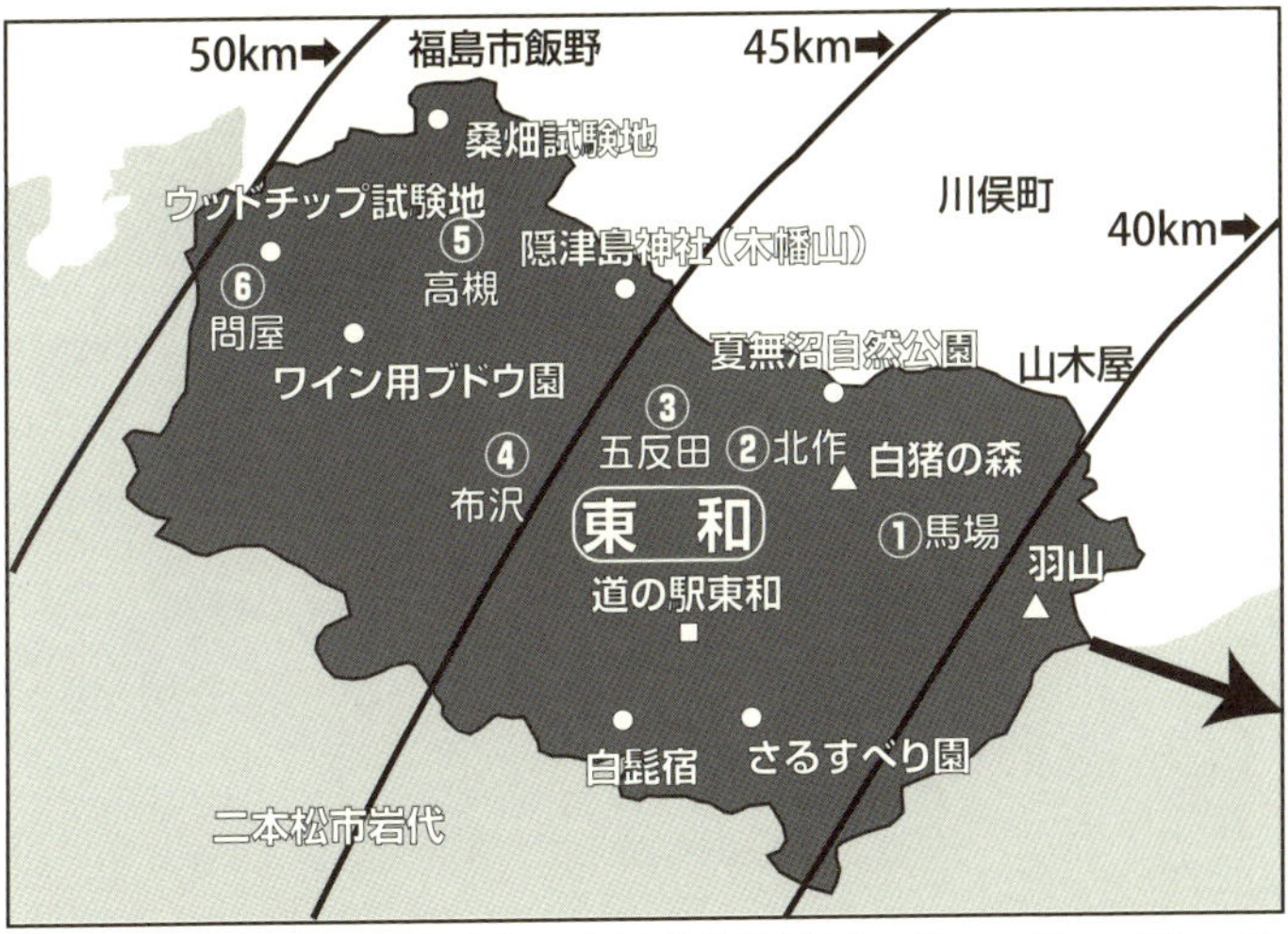

（注）矢印の方向に東京電力福島第一原子力発電所があり、40km、45km、50kmは、そこからの距離を示している。

原発からの距離、原発事故当時の気候条件が異なる六地点（図2の①〜⑥）を決めた。調査開始は八月。必ず現地の農家が参加して土壌のサンプリングを行い、事故当時の様子を聞き、第2章で詳しく述べる大きな成果を得られた。正敏さんは東和を熟知している。

「野中先生、今度はここの調査をお願いします。汚染のホットスポットで、放射線量が高いと思いますよ」

たとえば、正敏さんに言われて新潟大学毘沙門チーム（六九ページ参照）と協働で二〇一三年五月に、川俣町山木屋地区（計画的避難区域）に隣接する夏《なつ》無《なし》沼自然公園を調査した。すると毎時一マイクロシーベルト以上の高い空

雪の中で行った農家との協働調査（2011 年 12 月）。
雪の下の土壌を採取して、放射性セシウムを分析。

間線量率が計測されたのだ。調査時に、この沼で釣りをしていた親子がいたので注意すると、あわてて立ち去った。

「知らないことは怖い。この地で生きていくためには知らなければならない」

正敏さんとともに、改めて身にしみて感じた。

こうした放射能測定には、かつてＩＴ企業の技術者だった新規就農者も、その経験を活かして活躍している。

農家民宿「田ん坊」には、新潟大学の学生たちとのべ一〇泊した。東和に農家民宿が生まれたのは、調査の際に宿泊していた施設の食事メニューがいつも同じで味気ないと、正敏さんに話したことがきっかけである。原発事故以前から、武藤一夫さんが中心となって農家民宿の計画はあったので、話は順調に進んだ。二〇一二年四月から、独自の郷土料理や酒を提供する農家民宿が許可された。現在、あわせて一四軒ある。

二〇一二年度はのべ五〇〇名、一三年度は二月末現在のべ九〇〇名が宿泊して、農家と交流している。宿泊客の中心は、各大学の教員・学生、ＮＰＯや行政関係者だ。農家の生の声が聞けて、農学部としても学生のよい教育の場となっている。

グリーンツーリズムの旗手は注文のきかねえ料理店の店主

東和地区には、相馬藩主の参勤交代が通り、相馬藩と二本松藩で塩や魚など海産物が行き来した奥州西街道の重要な宿場町・白髭《しらひげ》宿がある。その上に位置するのが、武藤一夫《いちお》さん（ゆうきの里東和副理事長）がオーナーの農家民宿・レストラン「季の子工房」だ。蚕部屋を改造した農家レストランの入口には、「注文のきかねえ料理店」という看板が出ている。

実は、この看板と猫好きな一夫さんにお会いした瞬間、宮沢賢治の『グスコーブドリの伝記』の世界を想像した。飼い猫や野良猫がひなたぼっこをするデッキからは、手前に棚田、遠くには朝日が昇る羽山《はやま》を一望できる。夜は満天の星空が見られる。

一夫さんと親しく話すようになったのは、震災一年後の二〇一二年三月一一日に道の駅で行われた、「アカデミズムが現場で模索する農業再生への道」（http://www.ustream.tv/recorded/21029136）という討論会がきっかけだった。司会がジャーナリストの津田大

季の子工房からの素晴らしい眺め

介さんで、参加者はジャーナリストの田原総一朗さん、茨城大学の高妻孝光教授、東京農業大学の門間敏幸教授、郡山市の農民で野菜ソムリエの藤田浩志さん（八一ページ参照）、インテグレイト社のCOO山田まさるさん、そして武藤一夫さんと私である。

この討論会で、一夫さんは事故当時から一年間の活動を、わかりやすく説得力のある言葉で落ち着いて語り、私はそれに聞き入っていた。

「私たちはまず被災者を受け入れ、その後、大学の研究者やNPO、企業と協働で放射性物質を測定してきました。そして、これまで行ってきた里山の恵みと人の輝く故郷づくりを続けています」

季の子工房の名前が示すとおり、一夫さんはなめこの空調栽培を通年行っている。現在は年間五〇万トン以上生産し、一九九九年度に福島県農業賞、二〇〇九年度には福島県農業賞特別功労賞を受賞した。

農家レストランは、グリーンツーリズムの研修を受けてきた妻の今子《いまこ》さんの希望で二〇〇六年にオープン。現在は東京でイタリア料理を修業していた長男の洋平さんを呼び寄せて、自慢のなめこと自家製およびゆうきの里東和の有機野菜を中心に、素材を活かした創作イタリア料理を提供している。低めの天井で音響がよいレストランで食べる、なめこピザ、スープ、パスタ、今子さん手作りの天然酵母と国産小麦を使用したパンなど、どれも逸品だ。

一夫さんは、東和地区グリーンツーリズム推進協議会の会長も務めている。原発事故前までは、都会の子どもたちが農家に泊まり、安全・安心な有機農産物を素材とした料理を食べ、さまざまな体験をする仕組みを考えていた。現在はおとな相手のグリーンツーリズムとアルコール・ツーリズム(地元ワイン、シードルなど)に変わったが、将来は子どもも安心して宿泊できることを夢見ている。

原発事故に伴う福島農業の復興には長い年月がかかり、国際的な理解が欠かせない。そこで、一夫さんは国際協力NGOセンター(JANIC)の支援で二〇一三年五月、スイスのジュネーブで開催され国連国際防災戦略事務局（ＵＮＩＳＤＲ）主催の防災グローバルプラットフォーム会議（ＧＰＤＲＲ）に参加。震災と原発事故で起きた被害の実態を、自然の循環を活かした農業を行う有機農家の立場から述べ、二〇一五年に仙台市で行われる国連防災世界会議で議題にするように訴えた。

「原発事故は人災です。しかし、そこから放出された放射性物質は当時の気候条件と福島県独特の地形によって、森林や農地を汚染し、原木しいたけやきのこの栽培に大きな影響を与えました。これは明らかに自然災害です」

日本政府は、国連防災世界会議から原発事故を切り離そうと考えているという。政府に会議の場で、「震災から四年、素晴らしい復興をとげました」などと言わせてはならない。原発事故とその被害について必ず議題にすべきである。

一夫さんの長女一家は新潟に避難している。一夫さんたちにとって、原発災害は続いているのだ。

農水省から新規就農へ

東和地区の新規就農者と私が初めて会ったのは、前述の日本有機農業学会現地調査の懇親会である。その席上、関元弘さん（一九七一年生まれ）から強烈な言葉が投げかけられた。

「大学の先生は調査してデータだけ持ち帰り、学会発表して、どうせ一～二年でいなくなるでしょう」

私は「われわれはそんなことはないよ」と言いつつ、これは農学に対する強い不信だと感じた。関さんは宇都宮大学農学部を卒業して、一九九七年に農水省に入省している。そうした経歴をもつ関さんのこの発言は、現在の大学における農学教育の深刻な問題を浮き彫りにしているだろう。

関さんは国と地方の人事交流で東和町役場に二年間勤務する間に、ゆうきの里東和の農業者たちの人柄と生き方に魅かれて、二〇〇六年五月に移住。大野農園で研修後、一〇月に農家となった。現在は「ななくさ農園」を経営し、稲、キュウリ、インゲン、小麦などを栽培。二〇〇八年には有機ＪＡＳ認証を取得し、将来は福岡正信さんの自然農法を目指しているという。当初は、地元の十数人の力を借りて、二〇年間も放棄されてきた桑畑を有機農園に変えた。妻も農水省の同僚である。

そして、大野さんの「畑や田んぼだけでなく、周辺の森林の利用や酒造りなどの加工を加えると、農業はいっそう面白い」という考え方を実践している。二〇一一年七月に発泡酒の製造免許を取得し、一二月から桑や柿などを原料とした「ななくさビーヤ」を道の駅などで販売している。

上段が関さんのななくさビーヤ、
下段がリンゴのシードル

関さんは農水省時代に、酒造関係の経験が豊富だった。そこで彼が中心メンバーの一人として参加し、二〇一一年一一月に東和果実酒研究会を結成。翌年三月には東和地区がワイン特区に認定され、「ふくしま農家の夢ワイン株式会社」(社長は農家の斎藤誠治さん、関さんが専務)が設立され、ワイン造りが始まった。

ななくさ農園を初めて訪問したのは、二〇一三年六月である。開墾して約七年、インゲン、麦類、大豆などを輪作しながら有機物が投入された畑は、ふかふかした肥沃性の高い土壌へと変わっていた。関さんは言う。

「放射能問題は重要だけど、消費者は農薬や食品添加物など身近な食べ物の危険性も考えてほしい」

一カ月に五〜六回は訪問する道の駅で、私は必ず、ななくさビーヤを購入する。先日ビールの味について議論した際、関さんから愚痴が出た。

「野中先生、最近忙しくてビールの味が落ちたんだよね」

以前は顔を合わせても、関さんは胡散臭そうに私たち研究者の行動を観察していた。二年経過してようやく、関さんに認められる研究者になったかなと、ホッとしている。

阿武隈に溶け込んだウチナーンチュ

二〇一三年四月に、ゆうきの里東和の新規就農者と二本松市の若手有機農業者が主体となって二カ月前に結成された「あぶくま農と暮らし塾」（塾長：中島紀一氏）の学習会で講師を務めた。演題は「土づくりと農業」だ。そのとき私は、新潟市で六〇年間にわたって有機農業を実践している篤農家（私の義理の父母）のボカシ肥料づくりを紹介した（その後、現場を訪れて学び、実践しはじめた新規就農者もいる）。

学習会後は、オープン直前の農家民宿「ゆんた」で参加者たちと飲み明かした。ゆんたのオーナーは北大東島（沖縄県）出身の新規就農者・仲里忍さん（一九七三年生まれ）で、名前は八重山諸島に古くから伝わる民謡「安里屋《あさとや》ユンタ」に由来している。この民謡は役人による過酷な税金の取り立てに抵抗する反骨精神の象徴として歌い継がれ、田植え唄とも結びついているという。また、仲里さんの農園の名前は「燦山《さんさん》」で、太陽がさんさんと降り注ぐイメージだ。

その後、ゆんたには三回、お世話になった。格子戸の玄関を入ると囲炉裏《いろり》があり、黒くすすけた高い天井に、和紙で覆った灯りと神棚が調和している。里山の中腹にあり、夜は星が美しい。

すぐ近くの農家は、周囲一面に何年もかけて、さるすべりを植えてきた。フランスの作家ジャン・ジオノの短編小説『木を植えた男』に登場する、荒野に植林を続ける男のようだ。六月から八月にかけて、斜面に咲き乱れる。仲里さんの勧めで二〇一三年の春、私と妻の名札を付けたさるすべりを植え、夏に可憐な花を咲かせた。

仲里さんは月刊誌『田舎暮らしの本』(宝島社)の記事でゆうきの里東和を知り、二〇〇八年に訪問。すぐに仕事を辞めて移住し、大野農園で半年間研修を受けた。それまでは大阪や東京で働いていたが、その時間の流れと生活に慣れられず、漠然と農業をしたいと思うようになったと言う。研修を受けるまで農業経験はゼロで、貯金もなかったそうだ。

研修中に道の駅のアルバイトや農家のお手伝いをして資金を貯め、翌年四月に現在農家民宿を開いている古民家と休耕地を紹介され、独立した。休耕地は、関さんと同じように、ゆうきの里東和のメンバーが開墾。キュウリやナスを中心に出荷している。私が宿泊した朝、一緒に近くの神社とさるすべりの植栽地まで歩きながら、こう話した。

「私はここに来て本当によかったです。集落の人たちは、さまざまな行事を教えてくれます。就農後、悲しいことに毎年お葬式がありました。そのたびに、積極的にお手伝いしているし、消防団員としても働いています。農家民宿にお客さんが宿泊するときは、隣のおばちゃんが田舎料理の夕食を作ってくれるんです」

いまでは集落で貴重な存在だ。優しい沖縄人が福島の風土に親しみ、東和の農の風景に溶け込んでいた。

こだわりのリンゴ農家

二〇一一年一二月、菅野正寿さんに紹介されて、放射性セシウムが不検出の羽山リンゴを購入した。リンゴ農家の熊谷耕一さんが丹精こめて作ったサンふじ。甘さと酸味がはっきりしていて、いままで食べたリンゴのなかでもっとも美味しい。東和にこれほど美味しいリンゴの産地があることを知らなかった

このリンゴの産地は標高八九七mの羽山の西側の中腹に位置し、サクランボも栽培している。標高は四〇〇〜五〇〇mだ。西に安達太良山、吾妻《あづま》連峰、会津磐梯《ばんだい》山を望み、遠く南に那須連峰、日光連山が見える。夜の星空は、とても美しい。放射性物質は羽山の東側(川俣町山木屋地区)を移動したため、汚染から守られた。二〇一三年五月の私たちと新潟大学毘沙門チームの測定では、空間線量率は毎時〇・三〜〇・四マイクロシーベルトだった。一方、山木屋では毎時一・二マイクロシーベルト以上と、いまだにかなり高い。

リンゴ農家は、高原の気候と自然、そしてリンゴの生命力を活かした栽培を行ってきた。たとえば熊谷耕一さんは、げんき堆肥を使い、ジャパン・バイオ・ファーム（小祝正明さん）の指導を受けて、無除草・無化学肥料・無袋・減農薬栽培を行っている。

羽山にも三軒の農家民宿がある。学生と一〇泊以上お世話になった。「くまさん」（熊谷さん）、「マルエイ」（斎藤寛一さん）、「まさ」（齋藤政廣さん）だ。いずれも、農業体験ができる。まさに宿泊したとき、カラオケ名人の齋藤政廣さんから、桑畑やたばこ畑をリンゴ畑に変えた苦労や、リンゴを横に一㎝程度に輪切りにする食べ方を教えられた。こうして食べると、いっそう美味しくなる。政廣さんが言う。

「イノシシと共存して生活しています。飼い犬が夜、イノシシを追いかけて一晩帰ってこなかったときがあった。翌朝、白い体の毛が真っ黒になってましたよ。アフリ出身の東京農工大学の留学生は、料理を教えてくれた。イスラム教徒だって言っていたな」

しかし、原発事故後は放射性セシウムが不検出にもかかわらず、多くが売れ残った。まさに風評被害である。通常なら廃棄せざるをえない。だが、彼らはあきらめず、そのリンゴを原料にして、前述のワイン会社でシードルを製造した（四六ページ写真参照）。すっきりした飲み口で、女性の評価も高い。

「自分たちは厳しい自然のなかでリンゴを作りながら、自然を楽しんできた。これからも、この地域でうっつぁし（騒がしく）、かがらし（やぼくさい）、オヤジでいる」（政廣さん）リンゴの手入れをしている姿がよく似合う、「農と言える」オヤジたちだ。

3 地域に有機農業を広げる福島県有機農業ネットワーク

篤農有機農家の想い

二本松市の大内信一さん（一九四一年生まれ、二本松有機農業研究会代表）は、全国的に知られる篤農有機農家だ。その大内さんが二〇一一年八月に話された言葉が、強く記憶に残っている。

「原発事故直後の三月、春野菜が放射性物質による土壌汚染を防いでくれました。太陽の光を利用して葉を大きく広げたほうれん草が、落ちてきた放射性物質を食い止めてくれたのです。私は一本一本に『ありがとう』という感謝の言葉をかけて、涙を流しながら抜き取り、農耕に影響のない敷地に穴を掘って埋めました。夏野菜から放射性物質が検出されなかったのは、そのおかげです」

大内さんは、福島県の有機農業運動の草分け的存在である。一九七〇年代なかばに、十数年の慣行農業から有機農業に転換した。

「本当の農業をやりたい、本物の農民になりたいという気持ちがあったからです。それまでは農産物の収量を上げることが絶対的に大事で、安全な農産物を作るという発想がありませんでした。しかし、全国愛農会（一九四五年設立。農業を愛し、農業に生きる仲間が推進する自主独立の運動組織）や日本有機農業研究会（一九七一年設立。有機農業の探求、実践、普及・啓発などを目指す組織）の先覚者たちと出会うなかで、これまでとは違う農業のやり方を知り、強く惹かれていきます」

一九七八年には仲間とともにＪＡ二本松有機農業研究会を結成した。その趣意書には、こう書かれている。

「高村智恵子の『あれが安達太良山、あの光るのが阿武隈川』の言葉に語られる〝ほんとうの空〟の下で、無農薬有機栽培を通じて、消費者と大地の健康を守るために歩んでいきます」

現在は八名の仲間と、野菜・米・大豆など旬の有機農産物を消費者と生協などに届けている。また、人参は新潟県津南町の鶴巻義男さん（日本有機農業研究会理事、にいがた有機農業推進ネットワーク前共同代表）が代表の津南高原農産で人参ジュースに加工され、各地で好評だ。だが、原発事故では大きな影響を受けた。

「農産物の放射性セシウムはすべて測定し、公表しました。ところが、検出限界値以下でも古くからお付き合いしてきた消費者の方たちが離れていき、取引先は六割に減少しました。お子さんがいると、『ちょっと福島のものは』と買うのを控えます。そうなると、うちらは無理にとは言えません。それにしても、これまで農薬や添加物を減らそうとして努力してきたけど、数字的に『大丈夫だ』ってことはあっても、もう『絶対安全』とは、福島では言えねぇんだよね。やっぱり、それが一番悔しい」

放射性セシウムが吸収されやすい大豆は、放射性セシウムが含まれない大豆油に加工しての販売に切り替えた。また、東京農工大学の横山正教授が中心となって協働調査研究を行い、さまざまな情報を発信している。

「福島の農業を守るのは、農民の力だけではダメです。私たちはできるかぎりすべてを測り、数値を公表して、安全な農産物を作る努力をする。そのうえで、消費者と一緒になって、食べることで福島の農業と農地を守るっていう感覚でやっていければと思います」

この大内さんの有機農業者としての言葉を、私たちは真摯に受けとめなければならない。工業化された現代農業が忘れているのは、大内さんのような自然を見つめる目、自然に対する畏敬の念である。原発事故に伴う農業生態系の放射能汚染に対して、「農と言える」篤農有機農家が正面から立ち向かっている。

田んぼ(tanbo)から飛んだのでトンボ(tonbo)

大内さんはじめ福島県の有機農家で構成されているのが、福島県有機農業ネットワーク(以下「福島有機ネット」)である。代表は菅野正寿さん。ゆうきの里東和の初代理事長で、私は調査研究とネットワークづくりでたいへんお世話になってきた(私はにいがた有機農業推進ネットワーク共同代表)。

菅野さん一家は、東和地区のなかでは比較的放射能汚染度が高い太田の布沢《ぬのざわ》集落に暮らしている。水田二・五ha、野菜・雑穀二ha、ハウストマト一四a、餅・おこわなどの加工品作りという複合経営だ。妻のまゆみさんに言わせると、菅野さんは「ロマンチストで、猪突猛進型」。ゆうきの里東和を設立したときも、原発事故以降も、家のことは振り返らず猛進しているという。最近も日本と世界をトンボのように飛び回る彼を、しっかり者のまゆみさんは何も言わずに支えている。

菅野さんは水田の雑草を抑えるとともに中山間地の天水田を温めるために、一九九六年以来、深水による有機栽培に一途に取り組んできた。農場の名前は「あぶくま高原遊《ゆう》雲の里ファーム」。ご両親とまゆみさん、長女の瑞穂さん(六二ページ参照)で経営する。二〇一二年六月末の暖かい朝、田んぼの見回りをしていた菅野さんは、赤とんぼが羽化して一斉に飛び立つ姿に目を奪われる。それが「田んぼのトンボ」という詩になった。

六月の終わりの　なまあたたかい初夏の朝
僕は棚田に水を引くために畦道を行く
すると稲の葉からヒラヒラと
羽化したトンボが　飛び立った
一つや二つではない　二〇羽　五〇羽
いやいや　もっと飛び立った
ヒラヒラ　ヒラヒラ
やわらかな羽が　朝日に輝き　銀色に光っている
僕は畦道に立ちつくす　何て美しいんだろう
イネの葉と葉の間には　クモが糸を張る
タガメがいる　カマキリがいる　カエルが足元で飛び跳ねる
田んぼは小さな生命の世界
暑い夏に里山に上り　自由に空を飛ぶ
稲穂が黄金色になるころ
とんぼはつがいで　ふるさとに帰ってくる
穂波に　小川に　産卵する
田んぼから飛んだので　トンボというのだ

菅野さんの水田。2012 年は 40%で休耕したが、
2013 年はすべて作付けした（2013 年 5 月撮影）。

原発事故後、福島有機ネットは農産物に含まれる放射性物質の測定を始めた。

「自給野菜を検査しに来たお年寄りが、検出限界以下だった結果を見て、『これなら孫に食べさせられる。安心した』と話しました。放射能は見えない。だから、農産物と土壌を測り続けて、科学的に『見える化』することが大切です。そして、正しい情報を消費者に伝えていくことが信頼につながる。農家が安全な食べ物を自給する延長が消費者の台所だと思います。だから、化学肥料や農薬は使えません」（菅野さん）

私たちが菅野さんの水田で調査と実

証実験を開始したのは、二〇一一年八月である。この年、水田土壌の放射性セシウム値は高く、一kgあたり四〇〇〇(水田を流れた水が出る水尻《みなじり》)~七七〇〇ベクレル(農業用水が流入する水口《みなくち》)だった。

だが、国が投入を指導した化学肥料のカリウムを入れなくても、玄米から放射性セシウムは検出されていない(検出限界値一kgあたり一〇ベクレル)。それは、長年にわたって稲わらやボカシ堆肥、げんき堆肥を投入してきた結果、放射性セシウムを吸着固定する腐植含量と作物への吸収を抑制する交換性カリウムが供給されていたからである(詳しくは第2章参照)。このように、有機農業の積み重ねが放射性物質の作物への移行を抑えているという事実をぜひ知ってほしい。

トンボがリオに飛んだ

「農と言える」菅野さんは、トンボのように世界に自由に羽ばたいた。二〇一二年六月、ブラジルのリオデジャネイロで開催された国連持続可能な開発会議(リオ+20)に、福島有機ネット副理事長の杉内清繁さんと参加。福島の現状と反原発(原発ノー)を訴え、一〇の提言を行った。

〈脱原発〉

①日本・アジア、そして世界すべての原子力発電所の即時停止と廃炉を強く訴えます。

〈放射線防護〉

②住民の健康調査と、宅地・農地、農林水産物、食事、農業資材の放射能検査体制の早急な確立を求めます。

〈復興〉

③地域資源循環型有機農業を核に、第一次産業と地域経済を再生して雇用を創出し、住民主導による復興につなげます。

〈自給と自然共生〉

④農家の自給、地域の自給、自然と共生した暮らしを取り戻します。そのために、お年寄りから知恵や技を学び、自然とともに生きていく術《すべ》を身につけます。

〈市民皆農〉

⑤大都市一極集中を解消して、誰もが耕す社会、農山村への帰農をめざします。

〈食生活〉

⑥肉食、化学物質、食品添加物、遺伝子組み換え食品を大幅に減らし、国産の穀物と野菜を重視した日本型食生活を中心とします。

〈第一次産業の振興と備蓄〉
⑦世界的食料危機と自然災害に備え、第一次産業を振興して、食料自給率の大幅な向上と備蓄をめざします。
〈顔の見える関係〉
⑧コミュニティにおいても、都市と農村の間でも、顔の見える信頼関係に基づいた社会と暮らしを再生します。
〈エネルギー〉
⑨エネルギー消費を減らし、分散型・再生可能エネルギーの地域自給を図ります。
〈脱成長〉
⑩経済成長に偏重した社会から減速し、いのちを大切にする、共に生きる社会を創りあげていきます。

そして、菅野さんは強く主張する。

「食料自給率一％、大量生産・大量消費の東京に、持続可能な生活があるだろうか？
東北の農民は、第二次世界大戦前は農民兵士として戦場へ駆り出され、多くが戦死した。戦後は高度経済成長のもと、建築現場に安い労働賃金で出稼ぎし、食料と原発による電気を供給してきた。原発事故による放射能汚染について事実をきちんと調べて共有していきたい。食べる・食べない、逃げる・逃げないという問題だけに矮小化してほしくない」

「有機的農業による循環型の地域づくりを、研究者も企業も消費者もともに行っていきたい。田畑が荒れれば、人の心も荒れる。それを肝に銘じて、福島から、人の命を大切にした人間復興を、子どもたちの歓声が野良にこだまする福島の再生を」

原発事故による福島農家の苦悩を世界に発信

二〇一二年三月、フランスのブルゴーニュ大学醸造学科を卒業してディジョンに住むソムリエの三寺ふみさんから突然メールが来た。菅野さんの紹介だと言う。

「フランス人ジャーナリスト、マリー・モニック・ロバン(Marie-Monique Robin)さんの次作ドキュメンタリーのアシスタントと日本語通訳をしています。協力していただけないでしょうか」

ロバンさんは、『Le Monde selon Monsanto』(『巨大企業モンサントの世界戦略』。二〇一二年秋から、『モンサントの不自然な食べもの』というタイトルで日本各地で上映されている)を制作し、レイチェル・カーソン賞を受賞している。私はこの映像を二〇〇八年にNHKのBS放送で見ていたので、すぐに承諾の返事を出し、六月上旬にあぶくま高原遊雲の里ファームで撮影に協力した。

左から筆者、ロバンさん、菅野さん（菅野さんの菜の花畑にて）

彼女は南フランスの農家出身で、弟が有機農業を営んでいるという。『モンサントの不自然な食べもの』の撮影時にはモンサント社から圧力と嫌がらせがあり、命の危険さえ感じたと厳しい表情で語っていたのが、忘れられない。

それから半年近くが経った一二月二日、フランスとドイツが共同出資したテレビ局ＡＲＴＥで、福島農民の苦悩と、放射性物質に立ち向かい農産物への移行を抑える姿を表したドキュメンタリー『原発事故による福島農家の苦悩』が放映された。農業と原子力発電所は共存できないことが世界に発信されたのである。ロバンさんは、ＴＰＰ（環太平洋戦略的経済連携協定）にも反対だと言う。

「農（ノー）と言える」フランス人ジャーナリストだ。

なお、『モンサント社の不自然な食べもの』では、以下の点が鋭く描かれている。

①農業の機械化、大規模化による小規模農家の経営困難。
②単一作物の広大な栽培による生物多様性の喪失。
③遺伝子組み換え作物とセットで販売される除草剤の問題。
④遺伝子組み換え作物の栽培による在来種への組み換え遺伝子の混入。
⑤④の種を栽培したという理由での農家への不当な特許料支払い要求。
⑥特許契約や密告、守秘義務などによる農村コミュニティの破壊。

農家娘の日々

菅野さんの長女・瑞穂《みずほ》さんは、セパタクロー（東南アジアで盛んな「足のバレーボール」）の元日本代表だ。二〇一〇年に日本女子体育大学を卒業後、地元に戻って両親の指導のもとで有機農業を始めた。そして就農一年後、東日本大震災と原発事故に遭遇する。震災後の状況は瑞穂さんのブログ「農家娘の日々。」でよくわかる（http://ameblo.jp/yunosato-farm/day-20110313.html）。

「毎日、避難者が通る道の駅に味おこわ出しています！

自分にできることは微力だけど、やれることをやろうね！
今日は浪江町からの避難者が一万人近く我が二本松市にもやってきました。
現在、廃校になった我が母校にも沢山の人が生き延びた命のもとで、一生懸命生きています♪　近くにいる沢山の避難者に何ができるかな」（三月一五日）
「情報を正しく発信することで沢山の命が助かるということ、この数日で実感しています。誰かのために力になれることは私も嬉しいです。
まず浪江町から避難している人たちは、原発避難者です。
原発被曝者という勝手な偏見もあり、受け入れ先がなくて大変だったそうです。
そういう差別って何なのか私にはわかりません。
みな、同じ国民、県民です。支え合うことが今は大切なんです！
福島県＝放射能汚染
生きる道を絶たれるような衝撃ですが…私はそれでも農業の道を選ぶと思います。
必ず、福島の農業を守ります。国の基盤である農業をすることは誇りです」（三月一六日）
「そんな中、風評被害もやってきた
『福島県産』というものがスーパーから消える…福島県への配送を断る業者
燃料などを届けるのも浜通りは怖いから途中から自衛隊に任せる状況

福島という地名に住む私たちは、
これから放射能被害を受けたものとして生きていくのか。
風評被害はこれから私たちの生活に間違えなく打撃を受ける身だ
それでも今日も野菜達の面倒を見て、早く収穫できる日を楽しみにしている。
もうそろそろ、米の準備も始まる。着々と春に向けて歩んでいる。
どうか、情報に流されないで。
現場にいない人が流しているデマの情報の本質を確かめてほしい。
私も確かな情報しか発信したくないから」(三月一八日)

希望の種を播く

私が瑞穂さんやまゆみさんと親しくお話しできたのは二〇一一年一〇月、大学研究室のゼミ旅行で東和を訪問し、木幡《こはた》神社の宿坊に泊まったときだ。夕食のお世話をしていただき、学生と一緒に懇談した。

瑞穂さんは農地や自宅周辺の空間線量率を常に測定し、農作業による外部被曝を最大限注意しながら、食べ物も測定して内部被曝にも気をつけているという。体内から放出されるガンマー線で内部被曝を測定するホールボディカウンターの検査(検出限界値体重一kgあたり一五〇ベクレル)では、三回目の二〇一二年秋に不検出になったそうだ。

二〇一一年に空間線量率がそれほど高くないハウス(毎時〇・六マイクロシーベルト、二〇一三年は毎時〇・三マイクロシーベルト以下)で彼女が収穫した夏野菜と秋野菜は、すべて検出限界値(一kg乾重あたり一〇ベクレル)以下だった(玄米も同じ)。しかし、風評被害によって二〇一一年の農産物の売り上げは六割になってしまう。それでも、六月上旬には、ブログで募った仲間とともに、希望をこめてヒマワリの種を播いた。さらに、ブログで私たち研究者や自分たちが測定した正確な情報を伝えたうえで、母校の後輩や東京のNPOに、種播きから収穫までの農作業参加を呼びかけていく。

看板のメッセージがかわいい、きぼうのたねカンパニー

こうした経験をもとに、二〇一三年三月にはまゆみさんと二人で、きぼうのたねカンパニー株式会社を設立した。設立趣意書を紹介したい。

「三・一一以降、福島の大地は汚染され、田畑は荒れ、人が離れ、農業が一変しました。しかし、種をまいて、耕すことにより、土の力がよみがえり、農作物に放射性物質が移行しないことがわかってきました。一つの種は、生命の源であり、私たちの生命につながっています（バンダナ・シバ）。種をまくことにより、人が集まり、人と自然がつながる　そんな空間を創っていきます」

『Seed of Hope for the Future ―― 未来へのきぼうのたね ――』

きぼうのたねカンパニーでは、「人と自然をつなぐ体験」（田植えや稲刈りなどの農業体験）の企画や、旬の有機野菜セットや棚田米などの農産物販売、会員制による農産物オーナー制などをとおして、たくさんの消費者と交流の輪を広げている。長期にわたって、一人でも多くが訪問し、瑞穂さんの「現場にいない人が流しているデマの情報の本質を確かめてほしい」という言葉を実感してほしい。もちろん研究者は、現場での詳細な調査をもとに情報を発信していかなければならない。

瑞穂さんは、私たちの調査結果もふまえて、農家の娘として前向きに生きている。それは、私たちにとって大変うれしい。少しはにかみ屋だけれど、芯が強い瑞穂さん。今後、有機農家のプロとして技術的にも成長し、多くのたねから美味しい野菜やお米を作り続けてほしい。

厳しい状況が続く小高区

南相馬市小高区は原発事故の約一カ月後から警戒区域に定められ、住民の立ち入りが禁止された。二〇一二年四月一六日に警戒区域指定が解除されると、福島有機ネット前理事長の根本洸一さんは相馬市で仮住まいしながら、小高区に日中だけ戻って農業を再開する。八月に、ひさしぶりに根本さんにお会いした。

「春に農地を除草し、福島大学の長谷川浩先生と東北大学の石井圭一先生に協力していただき、秋から空間線量率の測定を開始しました。その結果、耕した田んぼが地上一ｍで毎時〇・三九二マイクロシーベルト、耕していない田んぼが地上一ｍで毎時〇・五四二マイクロシーベルト。耕作で線量は下がりました」

しかし、小高区の人びとは現在も、鹿島区や相馬市などの仮設住宅で暮らしながら、田畑に通うことを余儀なくされている。二〇一三年も稲作は再開されなかった。試験田のみの耕作で、しかもイノシシに食べられてしまうなど再建の道は厳しい。それでも、根本さんは希望者を募って農作業に取り組んでいこうとしている。

「私は百姓だ。百姓は自然の恵みによって営まれている。小高区は自然の恵みが豊かだ。早く戻って有機農業を再開したい」

二〇一三年九月に根本さんの田畑を訪れたとき、人参を抜いてくれた。十分な条件で農

収穫した人参を持って畑の状況を語る根本さん

作業ができていないので味がどうかなと思いながらいただくと、甘味があって美味しい。生でかじっても硬くない。根本さんが小高に住んでいれば、本当に美味しい野菜が栽培できる。百姓が染みついている本当の「農の人」だと思った。研究者として何とかお手伝いしていきたい。

　根本さんが暮らしていた上耳谷集落と田畑の土壌の放射性セシウムは一kgあたり一〇〇〇ベクレル前後、二〇一二年に試験栽培した玄米は一kgあたり一一～二一ベクレルだった。ところが、二〇一三年はカリ肥料を施用したにもかかわらず、四カ所の試験田すべてで一kgあたり一〇〇ベクレルを超える玄米があったという。前年と違うのは利用した水で、すぐ近くの里山の水を使用したそうだ。

4 稲作の再開に向けた調査活動――南相馬市太田地区

農地の空間線量率は下がっているけれど……

新潟大学アイソトープ総合センター長の内藤眞教授（現名誉教授）は、南相馬市の出身だ。二〇一一年八月から、内藤教授とセンターの教職員が中心となって「毘沙門チーム」を結成。南相馬市全域の通学路の汚染マップを定期的に作成し、市のホームページで公開していた。

私は内藤教授に協力して、二〇一二年八月から南相馬市原町区で農業復興のための農家との協働調査を始めた。最初にお会いしたのは、内藤教授の従兄であるＪＡそうまの内藤一組合長だ。メンバーは、同じ地域に住む杉内さん、太田地区復興会議事務局の奥村健郎さん、そして毘沙門チームである。内藤組合長は農家の出身で、三カ月前に就任したという。作付けが行われなかった太田川流域の水田は耕起されており、「来年こそ稲作を再開したい」という強い意志を感じた。

太田地区は福島第一原発から二〇～三〇㎞圏に位置する。二〇一一年七月に、区長に加えて、まちづくり委員会や老人クラブなどのメンバーが集まり、太田地区復興会議が結成されていた。帰還に向けた除染活動、損害賠償の支援、農業再生や再生可能エネルギーの

農業再生へ向けて住民主体で行った、ひまわりプロジェクト

実行計画を地域住民が主体となって行うための組織である。

二〇一一年には、いち早く自主的な汚染マップを作成したという。二〇一二年は、休耕田の土壌表層に蓄積した放射性セシウムを植物除染するために、反転耕と深耕を行ったうえで、ヒマワリと菜の花を植えた。種から油を搾って食用油をつくり、ハウスのエネルギーとしても利用する「相馬野馬追いの里ひまわりプロジェクト」である。また、独自に空間線量率マップ（地上一cm）も作成した。

その空間線量率マップによると、二〇一一年七月には毎時〇・二三～〇・五マイクロシーベルトの地域は約一〇％であったが、一二年九～一二月には二五％に増えている。これは放射性セシウム134が自然減衰しているからだ。

さらに、太田地区より海岸側でも空間線量率の低下が見られる。二〇一三年一二月現在、常磐自動車道の東側では毎時〇・二九マイクロシーベルト以下となっている(南相馬市ホームページ)。

しかし、私たちは上流から流れる水が心配であったので、太田川上流の横川ダムから調査を開始した。横川ダムの水はパイプラインを通じて太田川に流れ込み、流域の一二五二haで農業用水として利用されている。ところが、その集水域(山の水がダムに集まる森林面積で、四四・二㎢)は飯舘村と浪江町の森林地域で、原発事故による放射能汚染がもっとも激しい。

口絵2を見ると、横川ダムに近い地域の空間線量率が高いことが、はっきりわかる。二〇一三年三月に環境省が行った調査では、横川ダムの底泥から一二万五〇〇〇ベクレル、太田川中流の益田橋の底泥からは一万二五〇〇ベクレル(いずれも一kgあたり)の放射性セシウムが検出された。

実証水田での作付けと厳しい結果

太田川のほぼ中流に太田神社がある。この周辺約一一haの実証水田で二〇一三年に、地元農家とともに稲の作付けを行った（二〇一三年は、原発から二〇km以内は試験水田、それ以外は実証水田として作付けされた）。太田神社は相馬藩主・相馬重胤《しげたね》が下総《しもうさ》の国（現在の千葉県北部）から向かったときに最初の館を築いたところで、相馬野馬追《のまおい》ゆかりの三妙見神社の一つである。

この太田神社から毎年七月最終土曜日に、甲冑姿の数百もの騎馬武者たちが意地と名誉をかけて馬に乗って出陣する相馬野馬追は、平将門《たいらまさかど》が関八州の武将を集めて下総で行った軍事訓練（放した野馬を敵兵に見立てて捕える）が起源だといわれている。実際、南相馬市では馬を飼育している農家が目立つ。武者行列と古式競馬に参加するためだ。七月下旬、稲穂が太陽の光に輝くなかを武者行列が進むのが、この地域の昔からの農の風景である。一年でも早く稲作を再開したい。

内藤組合長は、二〇一三年一二月三日に東京・日比谷公会堂で行われた「TPP（環太平洋連携協定）決議の実現を求める国民集会」で、こう訴えている。

「福島の農家は皆、汗水流して復興を進めたいと必死に頑張っている。それなのに水田政策の大幅変更などの農業改革やTPP交渉を見れば、被災地の思いと政府は異なる方向に進んでいるように思える」（『日本農業新聞』二〇一三年一二月四日）

それから二週間ほど経った一二月二一日、原町区中太田のご自宅でお話をうかがった。

「太田地区は美味しいお米を作り、地域で後継者を育ててきた。一日も早く農業を再開したい」

東日本大震災前の南相馬市の人口は、七万一五六一人だった。二〇一三年七月二五日には四万六五八〇人まで減ったものの、一二月一日現在では六万四〇六〇人。四カ月で約一万七五〇〇人も増加している。この数字には復興事業関係者や他市町村からの移住者も含まれているが、毘沙門チームなどによる全市汚染マップが継続して公開されているため、避難していた人たちが将来に希望をもてるようになって戻ってきたからでもある。今後は、農業や商業の復興過程を示していかなければならない。そのためには、将来を予測できる調査研究を地元住民と協働して行う必要がある。

二〇一三年一一月に、私たちの調査結果の報告会を太田神社隣の集会所で開いた。参加した農家は約四〇人。放射性セシウムは、水田土壌では一kgあたり一〇〇〇〜二〇〇〇ベクレルと高くはないが、玄米の四〇%から五〇〜一〇〇ベクレル検出された。農家にとっては非常に厳しい結果である（詳しくは第2章参照）。農家の言葉をいくつか紹介しよう。

「太田川流域は、昔からきれいな水をかけ流しで、美味しいお米を生産してきた」

「この地域は営農意識が高い。約四〇年前に基盤整備を行い、後継者を育て、地域ぐるみで米作りを行ってきた」

「一年、一年、農機具を使わないと、機械がダメになる。技術もダメになる」

「これまで命がけで米を作ってきた。とにかく来年は米作りを行いたい」

「扇状地の水は飲料水としても利用されている。水は大丈夫なのか？」

「若い人に、できるだけ早く帰ってきてほしい。その希望をつくりたい」

「この地で作付する農業者の心を消費者に届けたい」

みなさん「農と言える」人たちだ。

5 全村避難からの再生――飯舘村大久保第一集落

集落の汚染マップを作成

二〇一三年九月に福島大学で、飯舘村大久保第一集落の長正増夫《ながしょうますお》組長と目黒欣児《きんじ》生産部長を囲んだ会議が開かれた。呼びかけたのは、福島大学うつくしまふくしま未来支援センターの小松知未《ともみ》農業復興担当特任准教授。参加者は、同センターの小山良太産業復興支援部門長兼務農業復興支援担当マネージャー准教授、石井秀樹農業復興担当特任准教授、福島大学経済経営学類の林薫平特任准教授、宇都宮大学農学部の守友裕一教授（前福島大学教授）、菅野正寿さん、そして私である。

大久保第一集落（飯舘村飯樋《いいとい》）は村役場の南約一㎞に位置し、現在は居住制限区域である。二〇一一年八月の空間線量率（高さ一m、詳しい測定地点は不明）は毎時五マイクロシーベルトであった。その後の空間線量率は、住宅も農地も周辺の里山も、まったくわからないという。長正さんと目黒さんが、おっしゃった。

「現在は居住制限区域なので、宿泊はできません。ただ、除染が始まる前に自分たちの集落の住宅や農地の汚染状況を知りたいので、ぜひ協力をお願いしたい」

私はすぐに電話で新潟大学毘沙門チームの後藤淳助教に連絡し、協力が得られることを確認したうえで、東和地区や太田地区の経験と結果から、農業の再生を視野に入れて活動したいと話した。そして、数日後には、大久保第一集落の一二戸の農家と、新潟大学・福島大学が協働して生活環境と農地約五haの汚染マップを作成する打ち合わせを行い、一〇月から測定を開始する。毎回、一二戸の約二〇人が参加し、一緒に測定したのだ。長正さんの呼びかけで、集落外からも関心のある方たちが参加した。

一二月二一日の報告会では、後藤助教から空間線量率について、石井特任准教授から土壌の放射性セシウムについて、それぞれ丁寧な説明があった。その概要は次の通りである。

「大久保第一集落の空間線量率は、住宅周辺では毎時〇・五〜二マイクロシーベルトでした。農地二五カ所の調査では、放射性セシウム134と137の合計が深さ一五㎝で、

石井秀樹特任准教授(中央)の指導で、土壌の放射性セシウムを測定

土壌一kgあたり、最低一七〇〇ベクレル、最高一万五〇〇〇ベクレルです。除染で表層土壌を入れ替えた場所では、深さ一五cmで六三ベクレルまで減少していました。なお、一〇〇m離れるだけで、空間線量率や土壌の放射性セシウム含量が大きく異なります」

この説明会では、原発事故以前から、一九五〇~六〇年代の核実験の影響で放射性セシウム137が土壌一kgあたり二〇~四〇ベクレル存在していたことも伝えた。住宅周辺での土壌の入れ替えは効果があるが、空間線量率は除染後しばらくすると上昇しやすくなる傾向がある。これは周囲の森林から大気によって流れてくるためと推測され、森林の除染が欠かせない。また、後藤助教によると、住宅周辺を除染しても、半径二〇〇m以内まで除染の範囲を広げないかぎり放射線の影響を受けるという。

自立の村づくりをあきらめない

説明会を終え、神社で祈祷した後、集落住民と酒を酌み交わしながら、飯舘村三〇年の自立した村づくりを語り合った。守友教授と長正さんは三〇年来の付き合いだという。

守友教授は内発的発展と農山村の活性化について、高度経済成長期以降の都市と農村の関係を整理しながら、地域資源の活用、都市と農村の交流、農業の六次産業化、中山間地域等直接支払制度、環境保全対策、集落営農、農村文化、伝統技術などの視点から研究を行っている。飯舘村では、飯舘牛や野菜、花卉などの畜産業・農業、女性の力を活かして地域コミュニティを築く独自のむらづくり＝までいライフに深く関わってきた。

飯舘村では二〇一三年七月から、二〇の行政区ごとに「帰村の見込み」「地域の抱える課題」「市街地を中心とした地域」「農業再開への思い」について議論するワークショップ（委員長＝赤坂憲雄・学習院大学教授）を開始。村民の意見を集約して、課題と対応策を議論している。ここへも委員として参加してきた。「平成二五年度地域づくり計画と土地利用の見直しに係る行政区ワークショップ」では、「陽はまた昇る―飯舘の再生は行政区みんなの力で―」というタイトルで講演し、こう呼びかけている。

「（再生は）必ずできると考えています。（目前の）局面も確かに大事だが、未来を考えていきましょう。力を合わせましょう」

大久保第一集落では全村避難後、二〇一一年七月から手づくりの情報誌を発行してきた。電話で連絡を取り、毎月一回土曜日に大久保第一地区集会所に集まり、食事をとりながら話し合いを継続し、地区の行事も続けていた。誰もが元の生活にいつかは戻りたいと考え、そのために常に寄り添い、絆をつなげてきたのである。

それでも、私たちと汚染マップを作成するまでは、集まると愚痴ばかり言い合っていたそうだ。だが、一緒に測定する過程で会話が変わっていく。

「自分の家のまわりはどうなのか？ 裏山のまわりはどうか？」

「ハウスの中は、竹やぶの中は？ 田んぼの畦道は？」

全員で一軒一軒歩き、みんなの家を見ながら昔話もした。

「この農器具は使えるのか？」

「屋根が壊れているな。直さないと」

立派な庭を見ながら冗談を言い合う。隣の集落へ行く近道の杉林も測定し、神社の中も歩いた。家の裏にある杉の木の葉にホットスポットがあったりする。

「田んぼを耕さないと、草も変わる。水はけの悪い場所は柳が生えているよ」

新潟大学毘沙門チームが測定した一m間隔の汚染マップは、全員が大事に持ち帰った。自宅の裏山を季節の花が咲く山に変えようとしていた農家がポツンと一言。

「おれは、命がけで、飯舘村で生きてきた」

長正さんは、こう話した。

「原発事故が起きて全村避難となったとき、三〇年間の村づくりを考えて、頭に血がのぼり、我を忘れていた。いま考えれば、全村避難してよかったと思う。村の中で避難した地域と残る地域が分かれていたら、もっと分断が進んだであろう。いまは、小さい孫や子どもたちが避難して、別れ別れになっているが、それは自立と考えればよい。来年から、自分はこの地で体を動かし、農業を行い、好きな日本蜜蜂を飼い、休耕田を菜の花やレンゲ畑に変える。ここで、いままでどおり自立して生きる」

私は「飯舘村ファンは全国にいる。そうしたファンは飯舘村の再生を願っている」と答えた。

大久保第一集落の調査に先立つ二〇一三年九月に、飯舘村内のおもな生活道路と林道の空間線量率を毘沙門チームと測定し、マップ化した。このときわかったのは、場所によって毎時〇・四〜三マイクロシーベルトと大きな差があることと、里山や森林の線量率が高いことだ。こうした詳細なデータをマップ化して経時的に示し、東和地区や太田地区での調査研究の経験をもとに、飯舘村民の意思を大切にして、生活と農業の復興の道筋を住民との協働作業で示していく。それが科学者の役割である。

長正さんたちの地域と農業への思いを胸に、その第一歩がようやく始まった。

6 理不尽な現実に立ち向かう後継者

私は二〇一一年五月以降、放射性物質の農業への影響と農業の復興について各地でアドバイスしてきた。本州で唯一カラムシを栽培して織物にしている福島県昭和村では、かすみ草栽培農家で、「博士《はかせ》山ブナ林を守る会」のメンバーの菅家《かんけ》博昭さんに、ひさしぶりに再会した。菅家さんは、会津学研究会の代表でもある。

菅家さんはじめ奥会津地域の住民たちは、「自分たちの住む地域に『誇りを持ち』、愉しみながら、〝広域的な地域の案内ができる人〟や、〝奥会津を元気にする人〟を増やすこと」を目的に、二〇一〇年九月に奥会津大学を発足させた。この奥会津大学では、喜多方市山都町の有機農家で、福島有機ネット理事の浅見彰宏さんが、有機農業を指導している。

また、福島県南会津町、岩手県一関市、宮城県丸森町、群馬県高崎市倉渕などでは、地域資源を循環させた土づくりと有機農業によって放射能汚染と立ち向かい、安全な農産物を生産する多くの農業者に出会った。そうした一人が、郡山市の農民・野菜ソムリエである藤田浩志さんだ。農家の八代目、三〇代なかばの藤田さんに会ったのは、二〇一一年九月に郡山市で行われた「いま福島の農業を再生するために何をすべきなのか——田原総一朗・津田大介と福島で考える日本の農業」。私と同じく、パネラーとして参加していた。

それから一年半後の二〇一三年二月、藤田さんの自宅で、福島県が運営するサイト「ふくしま新発売。」の「野菜ソムリエ藤田が聞く!!」というコーナーで取材を受けて、じっくり話すことができた。その内容は以下のホームページで公開されている(http://www.new-fukushima.jp/archives/25132.html)。

藤田さんは大学卒業後サラリーマンを経て、二〇〇八年から農業を継いだ。米と野菜を作り、野菜ソムリエとして野菜の美味しさを農家や消費者に発信している。原発事故直後は故郷を捨てることも考えたという。だが、いまでは、放射性セシウムが検出限界値以下であっても農産物が風評被害で買い叩かれている状況に対して、こう訴えている。

「新聞やテレビで報じられる安全性や価格のデータの裏側には、生身の人間が必ずいます。辛くて、大変だけど、なんとか踏ん張って前を向いて生きている人がいるということを知ってもらいたい。理不尽な現実に歯を食いしばって耐えている人がいっぱい、いることを知ってほしい。（放射性セシウムが）検出限界値以下まで抑える工夫をしながら野菜を生産している農家の現状を知ってほしい」

「福島で農業をすることについても、賛否両論あって、どちらが間違っているわけではないのに、ネットの中で激しい罵り合いが起こったりしている。ネットの中で激しい対立とか罵り合いが起こるのは、相手に面と向かって、会ってしゃべっていないからなんですよ。直接向き合えば、罵り合いになるはずないです」

藤田さんは郡山市で美味しさと品種にこだわる野菜農家の集まりである「郡山ブランド野菜協議会あおむしクラブ」でも活躍している。あおむしクラブは独自に放射能測定を行ったうえで、地場産の安全な野菜を販売し、地場野菜の種も大事にしてきた。ゆうきの里東和の若手就農者とも連携している。

福島県で農業を続けながら、「理不尽な現実」に前向きに立ち向かっている「農と言える」後継者の存在を知ってほしい。

第2章

研究者と農家の協働が生み出す成果

1 研究者の連携による復興プログラム

私たちの基本的姿勢

ゆうきの里東和里山再生・災害復興プログラム（口絵1）は、異なる専門分野の研究者の連携によって進められていった。私たちは、汚染された里山（森林）、そこからの水が流れる農業用水と河川、その水を利用する水田と畑の土壌、そこで栽培される稲や大豆、各種野菜の安全性と放射性セシウムの吸収・抑制対策、さらに収穫物が調理されて食卓に並ぶまでの安全と安心をつくるシステムの構築を目指している。

その情報は、農業者や地域住民に広く発信する。その結果、おじいちゃん・おばあちゃんが丹精こめて作った農産物を、子どもや孫に安心して食べさせられるようになる。そのことが、原発事故で壊れた地域のつながり（コミュニケーション）を復活させる。同時に、原発事故がもたらした放射性物質による農業生態系の汚染を克服して安全な農産物を生産し、復興した姿を全国へ伝えることが、農業の振興につながる。これが現場と結びついた本来の農学研究である。

ここで、私たちの基本的姿勢を確認しておきたい。

①主体は、あくまでも農家である。農家が自主的に取り組むから、成果があがる。私たちの調査研究は農家のサポートである。
②測定を復興の起点とする。最終目的は農業の振興である。
③地元の安心感を生み出す。地域資源を循環する有機農業技術や伝統的な技術（たとえば稲架《はざ》掛け乾燥）、在来品種の大豆、特産の桑の加工品、各種露地野菜の安全性を取り戻す。
④生産者・消費者・流通業者・研究者が一体となって理解を深める機会を設ける。研究者の行った調査が生産者にわかりやすく理解されるように心がけ、それをもとに農業の復興に関して自由な議論を行う場を保証し、さまざまな提案がなされる、バリアフリーな空間を形成する。
⑤農家への報告会では、実践のノウハウの共有を目的とする。
こうした基本姿勢のもとで、私たちは表1のように八回の報告会を開催してきた。

調査結果を農家に返す中間報告会

そのうち第六回は、「いまわかる、田畑・山・心の汚染『農の営みと農業振興』～放射能を測って里山を守る～」と題した大規模な中間報告会である（資料1）。この報告会では、私や中島紀一先生など合計一二人の研究者が二時間半にわたって、次の四点をふまえて、

表1　農家への報告会

回数	年　月	場　所	参　加　者
第1回	2011年12月	道の駅ふくしま東和	ゆうきの里東和理事約20名
第2回	2012年2月	道の駅ふくしま東和	ゆうきの里東和会員約40名
第3回	2012年8月	道の駅ふくしま東和	ゆうきの里東和会員約30名
第4回	2012年12月	東和地区布沢集会所	近隣農家約20名
第5回	2013年1月	道の駅ふくしま東和	ゆうきの里東和理事約20名
第6回	2013年2月	二本松市東和文化センター大ホール	二本松市内農家約300名
第7回	2013年4月	道の駅ふくしま東和	ゆうきの里東和理事約20名
第8回	2013年8月	道の駅ふくしま東和	ゆうきの里東和会員約50名

わかりやすく説明した。

①誰が、いつ、誰の圃場や所有森林で、どのような目的で、何を調査したか。

②その結果、何がどこまでわかったか。

③残された課題は何か。

④農家に役立つ情報と提言は何か。

それらの報告の一部を紹介しよう（詳しくはUstream http://www.ustream.tv/recorded/29137292 参照）。

（1）知の統合による福島農業の復興・振興（野中昌法）

この報告会の目的は、私たちのこれまでの研究成果を二本松市、そして広く福島県内の農家の皆さんと共有して、農業の復興に役立てることである。具体的には、以下の事項を報告する。

①地域の実態調査（土、水、山、作物、健康）について。

②農業を行うことで、放射性物質の作物への移行が

抑えられる。

③耕地を耕すことで、放射性物質を封じ込められる。営農を続けることで、稲への放射性物質の移行を抑えられる。

④農業を行うことで、地域のコミュニケーションが復活できる。

⑤地域をよりよくするためにはいっそうの調査が必要であり、営農や生活面で注意しなければならないことがある。

（2）森林の状態と森林復興（金子信博）

〈目的〉

生物を介した汚染拡大のリスクを評価するとともに、生物の力を活用した森林の除染を進める。調査したのは東和地区木幡《こはた》の白猪《はくい》の森である。

〈わかったこと〉

森林の除染には、落下して時間が経った落ち葉の除染が効果的。伐採後、木材をウッドチップ化して林床（落葉層）の上に並べて置くと、ウッドチップを分解する微生物が落ち葉から放射性セシウムを吸収する。それを八〜一〇カ月後に撤去すれば、一定の除染が可能である。

中間報告会の内容

山・心の汚染

震災直後から、東和地域の調査を続けた
先生たちの貴重な中間報告会です
農家の人にもわかりやすく話してくれます

★当日のスケジュール★

受　付　12時30分から
開　会　13時15分

シンポジウムの主旨説明　コーディネーター　野中 昌法先生(新潟大学)
(13：40 ～ 13：45)

① 森林の状態と森林復興(13：45 ～ 14：00)
金子 信博先生(横浜国立大学)

② 棚田・農業用水と稲作り、大豆栽培 (14：00 ～ 14：15)
原田 直樹先生(新潟大学)

③ ゆうきの里農作物検査から(14：15 ～ 14：30)
武藤 正敏事務局長・海老沢 誠チーフ(ゆうきの里東和)

④ 野菜栽培とげんき堆肥(14：40 ～ 14：45)
木村 園子ドロテア先生(東京農工大学)

⑤ 稲架がけと竹の子(14：45 ～ 14：50)
小松崎 将一先生(茨城大学)

⑥ 稲の品質、動物・昆虫(14：50 ～ 15：00)
横山 正先生(東京農工大学)

⑦ 農家の生活と消費者との連携(15：00 ～ 15：10)
小松 知未先生(福島大学)

⑧ 福島農業復興に向けて(15：10 ～ 15：20)
長谷川 浩先生(CRMS市民放射能測定所、福島有機農業ネットワーク)

⑨ 自給に関するアンケート調査の結果報告(15：20 ～ 15：30)
飯塚 里恵子氏(元茨城大学農学部研究員)

⑩ 放射線写真で調べた放射性セシウムの植物中の分布(15：30～15：40)
大貫 敏彦先生(原子力開発機構)

今後の取組み紹介(詳細な森林・農地・道路・生活環境マップ・情報システムなど)
野中 昌法先生(15：40 ～ 16：00)

・自信をもって農の営みを行うことの意義 (16：00 ～ 16：15)
中島 紀一先生(元茨城大学農学部長)

終了後、農家の個別相談会を開きます。疑問など、どしどしご相談ください。

資料1

いまわかる、田畑・

里山再生計画・災害復興プログラム
中間報告会開催のお知らせ

平成25年2月9日(土)13時15分〜
東和文化センター　大ホール
参加：無料（予約不要）

「農の営みと農業振興」
〜放射能を測って里山を守る〜

主　催：里山再生・災害復興プログラム調査実行委員会
共　催：二本松市、二本松市農業委員会、みちのく安達農業協同組合
福島県森林組合連合会、東和地域直接支払事業推進協議会
特定非営利活動法人 ゆうきの里東和ふるさとづくり協議会

〈残された課題〉

落ち葉やウッドチップの分解には時間がかかる。現在、ウッドチップの除染効果を推定している。伐採後、新しい芽が出てくる萌芽更新によって、しいたけの原木栽培が可能になるかを確認したい。

〈農家に役立つ提言〉

①落ち葉を食べるミミズには放射性セシウムが濃縮されている。ミミズを食べるイノシシや野鳥には、さらに高濃度に放射性セシウムが濃縮する。

②林床に置いたウッドチップは回収後、放射性セシウムを煙として放出しない焼却炉で燃やせば、バイオマス燃料として利用できる。

③落ち葉のはぎ取りは土壌侵食を起こし、水系や水田の二次汚染を進めるので、注意しなければならない。しかし、森林の更新の放棄は将来に禍根を残す。里山(森林)の長期にわたる伐採―更新計画を立て、実行することが重要である。

（3）棚田・農業用水と稲作り、大豆栽培(原田直樹)

〈目的〉

水田の放射性セシウムの分布、有機稲作の水稲の放射性セシウム吸収抑制効果、農業用水を通した放射性セシウムの動き、大豆の放射性セシウムの吸収を明らかにする。

〈わかったこと〉

①二〇一二年度の玄米中の放射性セシウム含量は前年度と比べて明らかに減少したが、水口では水稲への移行係数が高くなる傾向を示した。

②有機稲作水田では、放射性セシウムの玄米への移行はなかった。

③農業用水とともに放射性セシウムが移動して、増水時に水田への負荷が高まる。

④大豆では、圃場によって放射性セシウムの移行率が異なる。カリ肥料による吸収抑制効果は大きくない。

〈残された課題〉

①水口で稲への移行係数が高くなるので、継続調査が必要である。

②大豆は圃場内の土壌水分が多いと放射性セシウムの吸収が高まる可能性があるので、二〇一三年度はこの点に注目して調査を行う。

〈農家に役立つ提言〉

①水田では水口に注意し、とくに増水時は水を入れない。

②堆肥など有機資源の利用は、カリ肥料の補給効果と腐植による放射性セシウム吸着効果があるので、有効である。

（4）野菜栽培とげんき堆肥（木村園子ドロテア）

〈目的〉

堆肥の利用によって、葉大根とカブへの放射性セシウムの移行がどんな影響を与えるか調べる。

〈わかったこと〉

①げんき堆肥（有機堆肥）の施用によって、葉大根とカブの放射性セシウム含量は低下する。

②作物に吸収されやすい形の放射性セシウムは、土壌に存在する放射性セシウムの約一〇％である。

〈残された課題〉

堆肥の施用によって作物の生育がよくなり、放射性セシウム含量が相対的に低下したことも考えられる。

〈農家に役立つ提言〉

げんき堆肥は、ぜひ使用すべきである。

（5）放射線写真で調べた放射性セシウムの植物中の分布（大貫敏彦）

〈目的〉

作物や植物の放射性セシウムを可視化し、汚染の有無を調べて、汚染部位を確定する。

〈わかったこと〉

放射線を撮影するために植物をイメージングプレイト（放射線を感光するための板）に載せて画像解析したところ、以下の点がわかった。

①原発事故以前に生育したカヤの葉には放射性セシウムが沈着していたが、事故後は新しい葉に移動していない。

②牧草については、放射性セシウムは地上部に沈着し、根には移動していない。

③桑はカヤと異なり、放射性セシウムが枝から新しい葉に移動している。

〈残された課題〉

この方法は、放射性セシウム含量が低いと感光しない。

〈農家に役立つ提言〉

野生のきのこは樹木や土壌から放射性セシウムを吸収しているので、注意しなければならない。

放射性セシウム１３４の半減期が約二・一年であり、農地や森林に蓄積している放射性セシウムの半分が１３４だから、二年で約二五％の放射性セシウムが自然減衰する（二七ページ参照）。したがって、中程度の汚染地帯である東和地区で農業復興のための調査研究を行えば、放射性セシウムの蓄積がより高い地域の農業復興・振興のモデルケースになるであろう。

2 知ることは生きること

有機農業の適地・東和

阿武隈山地は花崗岩を母材として土壌が生成され、東和地区はペグマタイト(巨晶花崗岩。重量あたり九%のカリウムを含む、ガラスや陶磁器の原料)と呼ばれるカリ長石を多く含む岩石が風化した真砂土《まさつち》からできている。真砂土は保水力と保肥力があるため、里山(森林)の資源を循環利用する有機農業の適地である。

また、この地域には農業技術を伝える優れた農書が江戸時代からあり、農家が農業に前向きに取り組む姿勢が昔から養われてきた。たとえば、二本松藩の農民・郷保与吉《さとほよきち》が自ら体得した農業技術を多くの絵と和歌で伝えた『田家《たいえ》すきはひ袋 耕作稼穡《かしょく》八景』や、篤農家伝七による天明・天保の大凶作を克服するための実践的な農事観察記録を柏木秀蘭《しゅうらん》が紹介した『伝七勧農記』(一八三九年)などがある。

ここでは、二〇一一年八月から一三年一二月までの東和地区の調査結果の概要を説明す

中央で測定しているのが、ゆうきの里東和の武藤正敏事務局長

る。図2(三九ページ)に示した六地点で、必ず現地の農家が参加してサンプリングを行い、事故当時の様子も併せて聞いている。

詳細な汚染マップが何より大切

二〇一一年一一～一二月に、東和地区約一二〇〇カ所の水田の一枚ごとの地表一㎝と一mの空間線量率が測定され、新潟大学農学部の吉川夏樹准教授グループの手で航空写真に地図化(見える化)された(口絵3、地表一㎝)。この結果、以下の三点がわかった。

①数十m離れると空間線量率がかなり異なる場合がある。

②山に囲まれた標高の高い棚田で高い(口絵3の赤い部分)。

③②のなかで、とくに休耕田で高い。

また、太田の布沢集落で畦道を一m間隔で測定したところ、里山(森林)に近いところで高くなり、棚田最下流の水田の水口土壌と、この水田の横の用水桝沈殿汚泥(棚田の農業用水路は途中に沈殿槽があり、不必要な泥水が水田に入らないようにしている)で顕著に高くなることがわかった(口絵4の赤い部分)。農家に聞き取りしたところ、この下流の水田では、大雨時に用水路からあふれた水を管理できず、流入していたという。

また、二〇一二年九月と一三年五月に布沢集落と仙道内《せんどううち》集落の同じ場所(畔道・里山・農業用水路)を測定したところ、空間線量率が確実に減少していた(口絵5)。これは、前述したように、土壌に蓄積した放射性セシウム134の半減期が約二・一年だからである。

このように空間線量率を詳細に測定し、その結果を農家が知ることで、外部被曝を最小限にしながら生活と営農ができる。知ることが、生きることにつながる。

ウッドチップと落ち葉を利用した里山(森林)の除染

里山(森林)でも詳細な測定を行った。ゆうきの里東和のスタッフと必ず一緒である。歩きながら、さまざまな情報が得られる。現在、測定装置はゆうきの里東和に貸し出し、前述した新規就農者が定期的に測定して、新潟大学毘沙門チームの後藤助教がマップ化している。

白猪の森では、原発事故六カ月後の二〇一一年九月から調査を開始した。調べたのは、標高四〇〇m付近の同じ等高線上に隣接して生育するコナラ、杉、赤松の落葉層（A０層）と、その下層（A１層）である。コナラ林では九八・六%が落葉層に蓄積し、下層へは移行していない（図3）。杉林と赤松林でも、落葉層に九七%台が蓄積していた。

図3　白猪の森の土壌中の放射性セシウム含量
（ベクレル／kg、乾土）

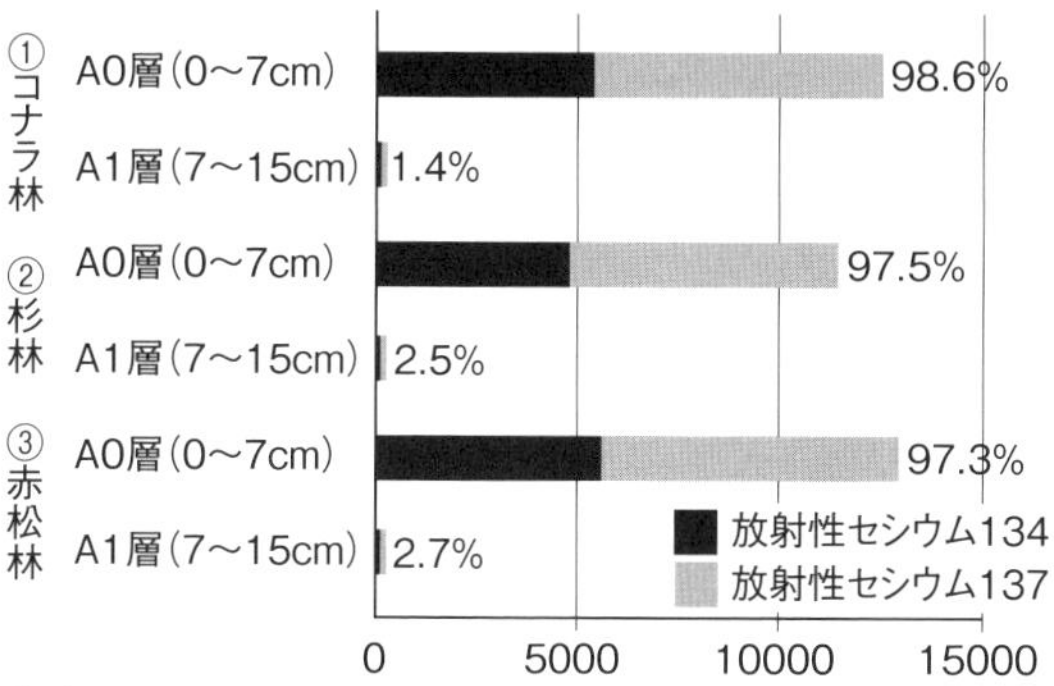

（注）2011年9月24日に調査した。

二〇一三年五月の調査では、周囲に森林がない林道では空間線量率が低く、森林が多い林道で高くなった（口絵6）。一方、白猪の森と同じく木幡にある隠津島《おきつしま》神社の参道の杉林は、放射性物質の降下が少なかったので低い（口絵7）。

金子信博教授は二〇一一年一二月から一二年一〇月まで、このコナラ林でリッターバック試験（伐採した木材をウッドチップ化して林床の上に置く試験、八七ページ参照）を行った。その結果、分解微生物の活性を高める目的でウッドチップ化した木材を分解するために生育した菌根菌やカビが、落葉層から

地元農家などの協力で森林を伐採し、ウッドチップにする

ウッドチップをプラスチック製のバックに入れて林床に並べて置く

放射性セシウムを吸収することがわかった。それをもとに提案されたのが、ウッドチップを一定期間敷いた後に取り除いてバイオマス燃料として利用する除染法である（口絵8）。

二〇一二年度の予備調査では、落葉層の放射性セシウムを五％程度吸収すると予想された。九〇ページで述べたように、この放射性セシウムを含んだウッドチップは、大気中に放射性セシウムを放出しない焼却炉で燃やせばバイオマス燃料として利用できる。

そこで、二〇一三年五月から地元農家の協力を得て約一haの森林を伐採し、ウッドチップ化して林床の上に置く試験が行われている。新潟大学・東京農工大学・横浜国立大学の関係者と、神奈川県のNPO法人ラブグリーンジャパン、ゆうきの里東和、さらに新潟県の不二産業がボランティアで協力した。

二〇一三年八月一日に途中経過を観察した。落葉層を残してウッドチップを置くと、三カ月弱で、落ち葉とウッドチップを分解するカビの菌糸が白く成長しているのがわかる。この白いカビが落ち葉の放射性セシウムを吸収しているのだ。一方、落葉層を取り除いた土の上にウッドチップを置くと、分解する微生物は生育していない。

また、たとえば放射性セシウムを一kgあたり一〇〇〇ベクレル含む落ち葉を使用した堆肥を、一〇a（一〇〇〇㎡）あたり一〇〇〇kg（一トン）投入して深さ一〇㎝で混合すると、一㎡（一万㎠）あたり一kgの堆肥を撒いたことになる。土壌の比重を一㎤あたり一gとする

ウッドチップの試験圃場（上が落葉区、下が落葉除去区）

と、一kgの土壌は一〇㎤なので、一〇㎝×一〇㎝×一〇㎝となる。つまり、一〇〇㎠あたり一〇gの堆肥を入れた計算になる。

　この堆肥一〇gには一〇ベクレルの放射性セシウムが含まれているが、一kgの土壌（生土）では一〇ベクレル増えただけである。堆肥投入前の土壌の放射性セシウムが一kgあたり二〇〇〇ベクレルとすると、放射性セシウム１３４が約半分の一〇〇〇ベクレル含まれている。放射性セシウム１３４の半減期は約二・一年だから、一年経過すると一kgあたり約二五〇ベクレル減少する。したがって、堆肥に一〇ベクレル増加し

予備試験で暫定規制値を超えた玄米が検出された小浜地区の水田

ても問題はない。むしろ、堆肥の土壌改良効果のほうが大きい。

里山からの水に放射性セシウムが含まれている

二〇一一年九月二三日に二本松市小浜地区の予備検査で、ある農家から、当時の暫定規制値（一kgあたり五〇〇ベクレル）とちょうど同じ値の放射性セシウムを含む玄米が見つかった。私はこのとき二本松市に滞在していたので、菅野正寿さんをとおして、直ちに農家の聞き取りと現場の確認を三回行った。上の写真はそのとき撮影したものだ。

その水田への道は狭く、徒歩でしか入れない。江戸時代に、人目につきにくいところに水田をつくって年貢を免れようとした「隠し田」を連想させる棚田である。上から二番目の水田で穫れた玄米から、五〇〇ベクレルの放射性セシウムが検出された。一方、その上の水田の玄米からの検出値は、一〇〇ベクレル以下である。また、田植え前の土壌中の放射性セシウム含量は一kgあたり三〇〇〇ベクレルで、暫定規制値内であった。

農家の人に話を聞いたところ、この水田は雨水を利用する天水田だという。周囲の里山(森林)から流れ込んだ伏流水(森林の腐植層を通過して流れてきた水)を上段の水田のまわりに造った水路を通して温め、写真の①と③の地点から、一年中かけ流している。②の地点には、上段の水田から水が流れ込むようになっていた。この水路は、山から流れてきた水を温めることで冷害を防ぐ役割をしている。江戸時代から伝わる農民の知恵である。

昔は水路のまわりの森林の枝打ちや落ち葉の除去などの手入れを行っていたというが、現在は高齢化し、後継者もいないため、草木が水路を被っていた。また、窒素・リン酸・カリ肥料の投入は標準量以下で、田植え以降は稲刈りまで水田に入ることはないそうだ。

農業の機械化によって伝統的な技術が守られなくなり、里山(森林)、水田の管理が不十分なところは、中山間地に多い。高齢化や兼業で労働力も不足している。こうした近代農業の構造的な問題も、水路に流れ込む水の放射性セシウム含量を増やし、栽培期間中を通して稲への吸収量が増えたとも考えられる。

図4　東和地区の土壌中の放射性セシウム含量と玄米・もみ殻・稲わら中の放射性セシウム含量の相関関係（2011年、6水田）

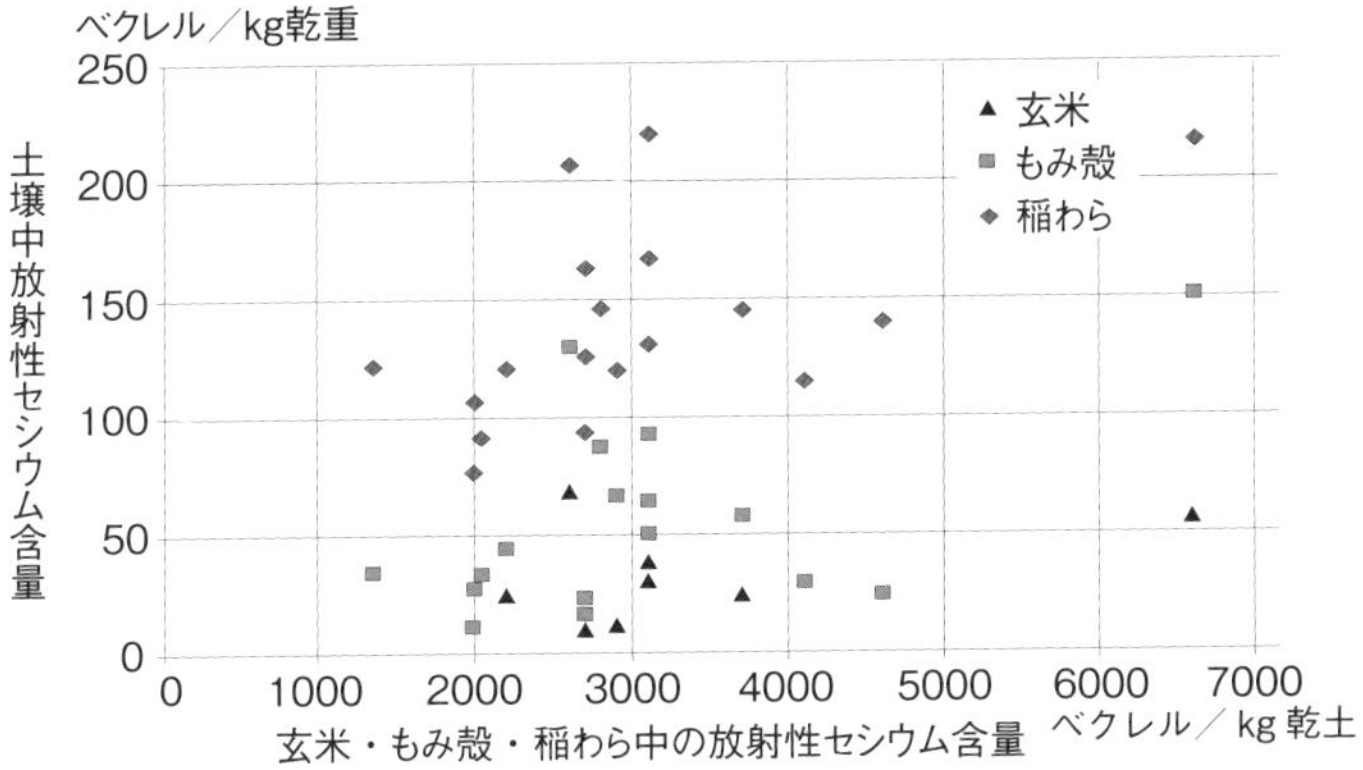

なお、新潟県では福島県境に近い魚沼地方の汚染度が高い。二〇一一年も一二年も、山間部で生活する熊の肉から一kgあたり一〇〇ベクレル以上の放射性セシウムが検出されている。農家の聞き取りでは、六月の大雨で群馬県境を水源とする魚野《うおの》川の濁り水が農業用水に流入したという。

こうした経験をふまえて、二〇一二年は東和地区で周囲の里山（森林）の水を利用する棚田一六カ所に調査地点を増やした。以下、両年の調査結果の概要を解説する。

土壌と玄米などの放射性セシウム含量の関係

二〇一一年八月に調査した六水田（三九ページ図2）のうち、二〇一二年も継続的に稲作が行われた水田土壌中の放射性セシウム含量と玄米・もみ殻・稲わら中の放射性セシウムの関係を図4に示した。

図5　南魚沼市の土壌中の放射性セシウム含量

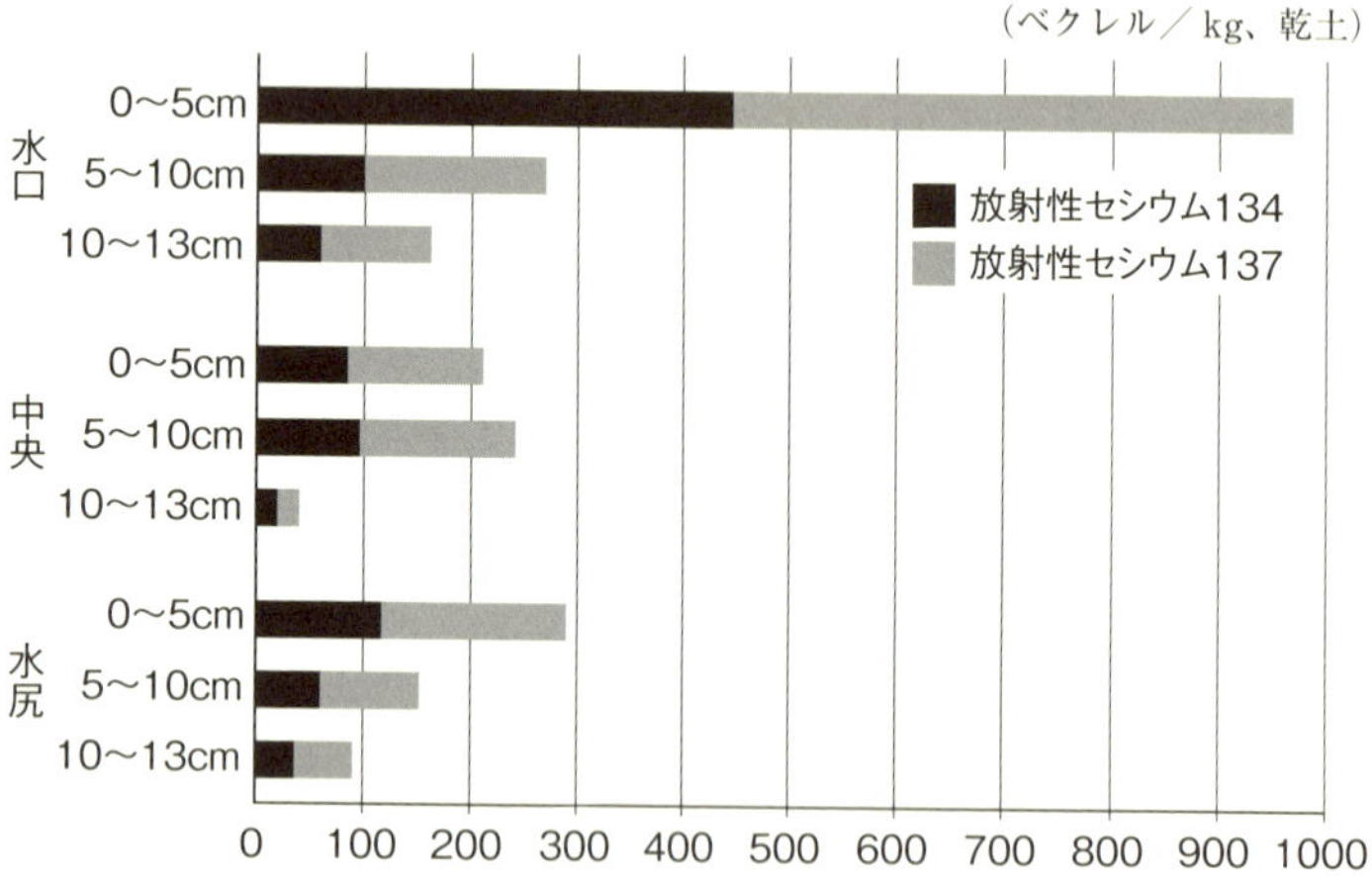

（注）2011年9月6日に調査した。

これを見てわかるように、土壌中の放射性セシウム含量が高くても、玄米・もみ殻・稲わら中の放射性セシウム含量が高くなるとは限らない。後で詳しく述べるが、土壌の肥沃性、肥培管理や水管理が影響している。

放射性セシウム含量は水口が高い

私たちは水田の水口・中央・水尻の三カ所で試料を採取してきた。これは国や福島県とは異なる方法だが、農業用水からの流入水の影響があると推測したからである。

二〇一一年九月に、東和地区の六調査地点と、新潟県の魚沼地方（四地点）、阿賀地方（四地点）で、稲刈り前に調査を行った。すると、水田土壌、稲の玄米・もみ殻・稲わらの多くの放射性セシウム含量が水口で高い傾向を示した。また、南魚沼市の有機稲作農家（福島第一原発から約一九〇km）の調査では、水口の表層五cmの土壌で一kgあたり一〇〇〇ベクレル近い値が検出されている（図5）。しかし、玄米からは検出限界値（一kgあたり五ベクレル）以下であった。

二〇一一年八月から一二年秋までの五水田（六水田のうち一つは一二年に作付けしなかった）の土壌中の放射性セシウム含量平均値の推移を図6に示す。いずれも、水口の値が高い。二〇一一年は、水口で約四〇〇〇ベクレル、中央で約三三〇〇ベクレル、水尻で約二八〇〇ベクレル（いずれも土壌一kgあたり）だった。二〇一二年春、同年秋と含量は減少していく。ただし、水口が高い傾向は変わらない。これは農業用水から新たに流入した可能性を示している。

図6　東和地区の土壌中の放射性セシウム含量平均値の推移（2011～12年、5水田）

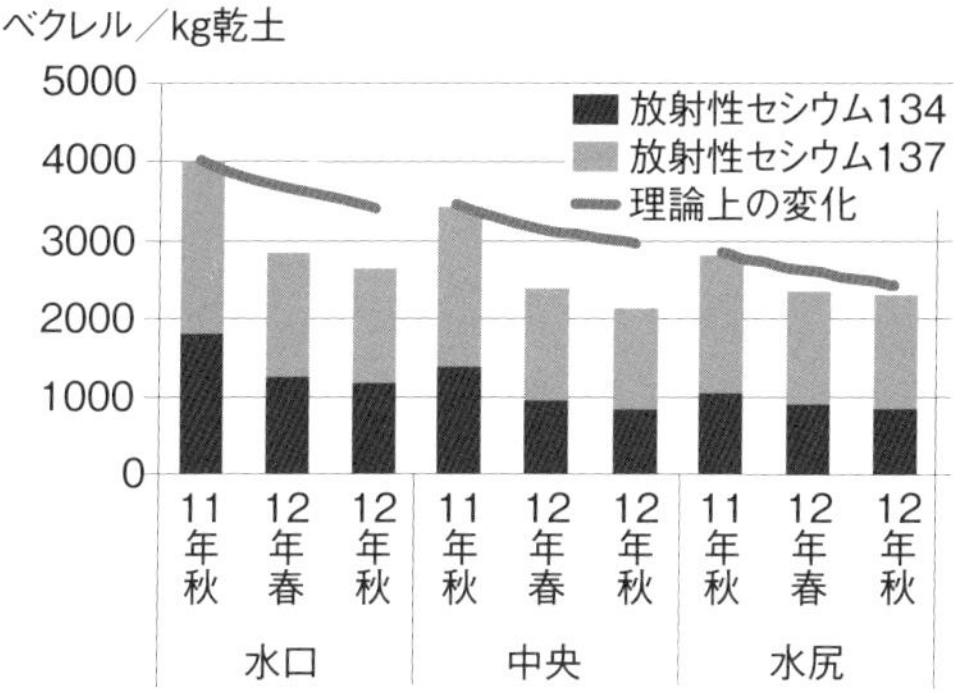

図6には、放射性セシウム134（半減期約二・一年）と放射性セシウム137（半減期約三〇年）の自然減衰（理論上の変化）も示してある。実際の土壌の減衰は、自然減衰より二〇～三〇％多かった。つまり、東

図7　東和地区の玄米中の放射性セシウム含量(2011・12年、6水田)

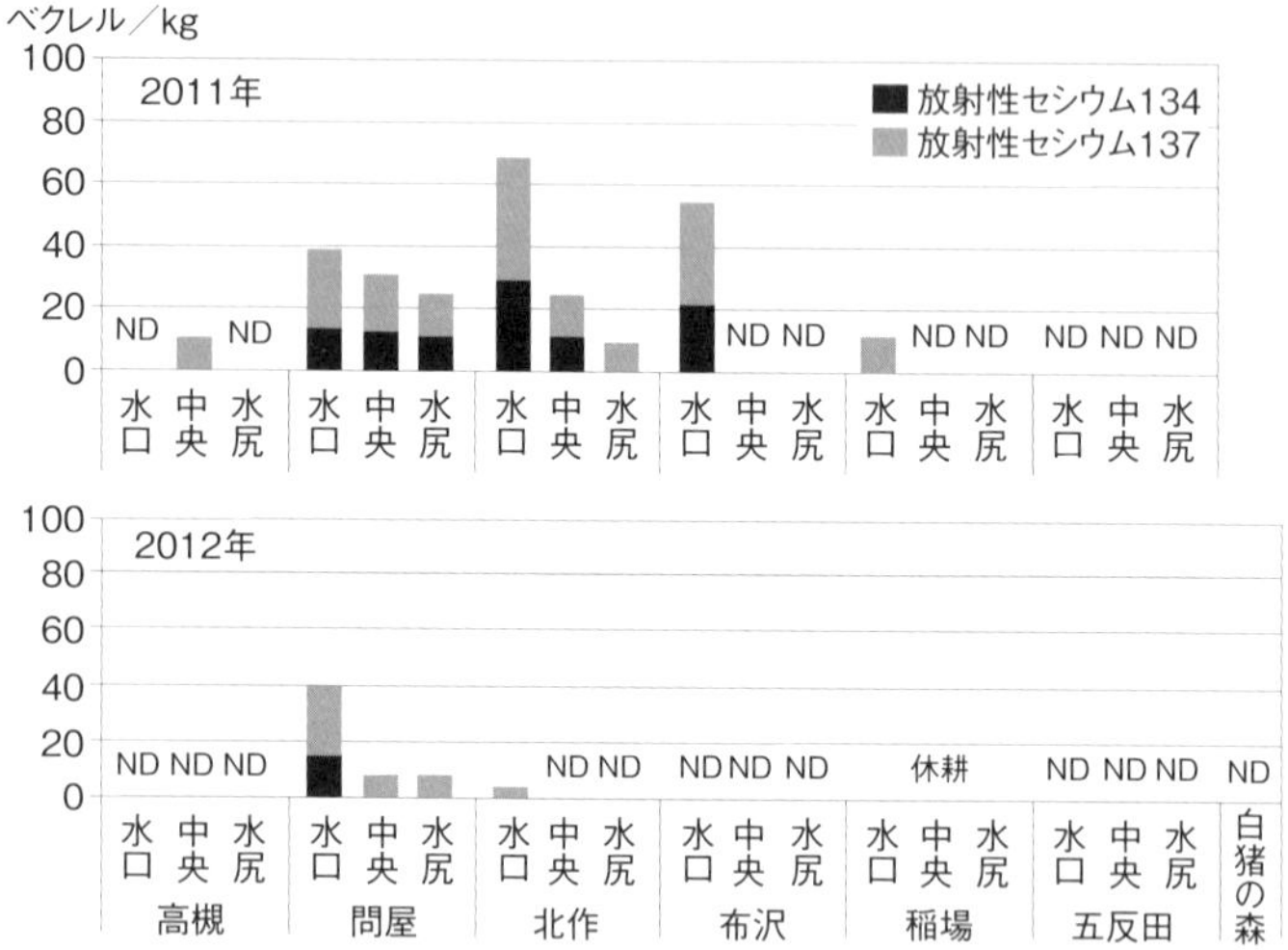

和地区の棚田では二〇〜三〇%が表層土壌(〇〜一五cm)に残らず、その多くが水田から流出した可能性が高い。その多くは阿武隈川に流れ込んだ。

二〇一一年と一二年に収穫された玄米中の放射性セシウム含量(検出限界値一kgあたり五ベクレル)は、図7のとおりである。二〇一一年は五反田を除く五水田から放射性セシウムが検出され、すべて水口の値のほうが高かった。二〇一二年は農業用水の最下流に位置して阿武隈川に近い問屋のみで検出され、やはり水口のほうが高かった。

移行係数は想定より低い

図8は、二〇一一年と一二年の稲わら中

図８　東和地区の稲わら中の放射性セシウム含量（2011・12年、６水田）

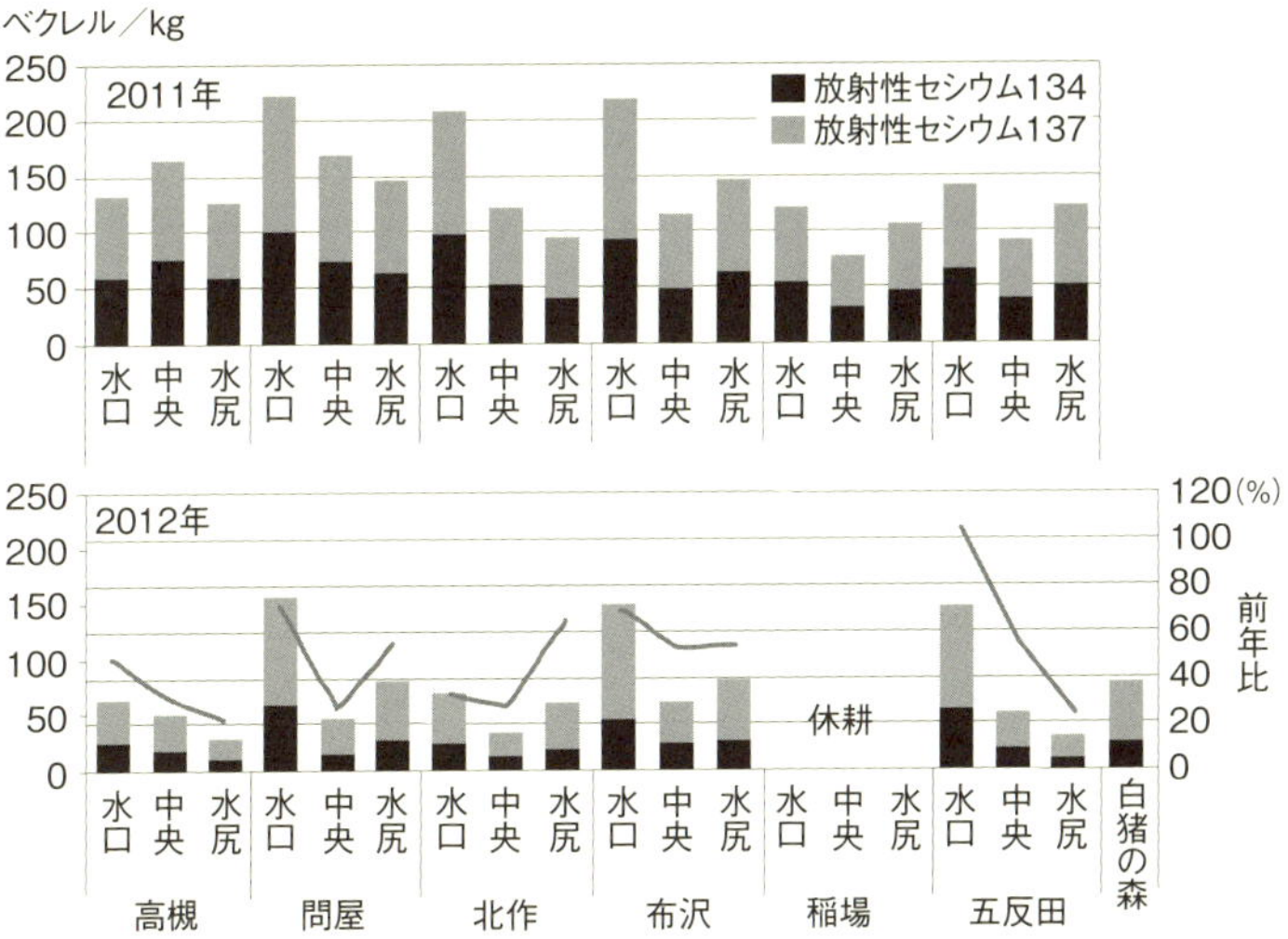

（注）2012年の折れ線グラフは前年比と示す。

の放射性セシウム含量の比較である。稲わらの含量は玄米と比べて高い。二○一一年をみると、玄米から検出された場合は玄米の三～一五倍、玄米から検出されなかった場合は一kgあたり一○○～一五○ベクレル程度である。二○一二年は、玄米と同様に放射性セシウム含量は低下したが、水口で高い傾向は変わらない。

なお、二○一一年に調査対象ではなかった白猪の森からの流入水直下の水田を一二年に調べたところ、玄米からは検出限界値以下であったが、稲わらからは一kgあたり約七○ベクレル検出された。里山（森林）から流れる水の影響と考えられる。

図９　東和地区の土壌から稲わらへの放射性セシウムの移行係数（2011・12 年、6 水田）

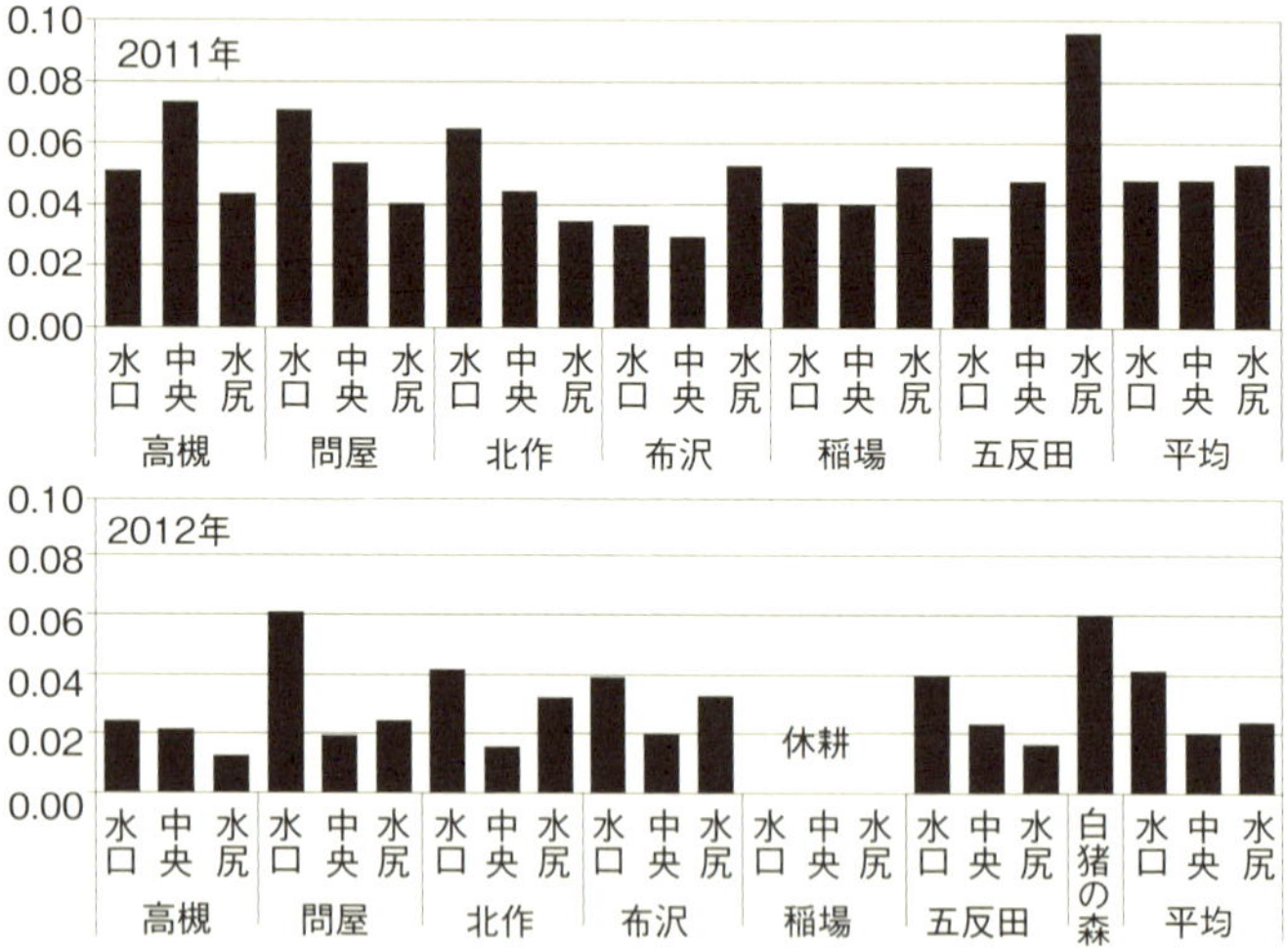

図９は、二〇一一年と一二年の土壌から稲わらへの放射性セシウムの移行係数の比較である。二〇一二年は、水口で移行係数が高くなる傾向が顕著だった。とくに、問屋と白猪森直下の移行係数が〇・〇六と高い。玄米と稲わらへの移行係数は以下のとおりである。

玄米の二〇一一年　最大値〇・〇二三、平均値〇・〇〇一

玄米の二〇一二年　最大値〇・〇一六、平均値〇・〇〇八

稲わらの二〇一一年　最大値〇・〇九六、平均値〇・〇四

稲わらの二〇一二年　最大値〇・〇六、平均値〇・〇三

玄米への移行係数の平均値は、国が当

初想定した〇・一と比べると、二〇一一年は一〇〇分の一、二〇一二年は一二五分の一であった。

増水時に放射性セシウム含量が増える

二〇一二年には、流域特性（集水域の森林の植生や面積）が違う四地域で、稲作栽培期間中に農業用水を通して水田に入れた水に含まれていた放射性セシウム含量の総量を平水時と増水時に分けて、新潟大学の吉川准教授グループが調査した。用水中に含まれる放射性セシウムが水稲栽培に与える影響を調べるためである。

水に含まれる可給態画分（水に溶けて、稲に吸収されやすい溶存態）と、それ以外の粒子結合画分を分画（水をフィルターを通して分ける）して、一ℓあたり〇・〇〇一ベクレルまで測定した。また、一年を通した水量、灌漑用水の取水量、水田の減水深（稲の栽培中に蒸発と浸透によって水田から失われる量、㎜で表す）も測定した。

ドイツでは一九八六年四月のチェルノブイリ原発事故以降、河川の水については一ℓあたり〇・〇〇一ベクレルまで測定し、公開している。ところが、日本の環境省と農水省は一ℓあたり一ベクレル以下の放射性セシウムは環境や農業に影響しないという理由で、測定していない。

図10　東和地区の水田に入れた水に含まれる放射性セシウム含量の違い(2012年、4水田)

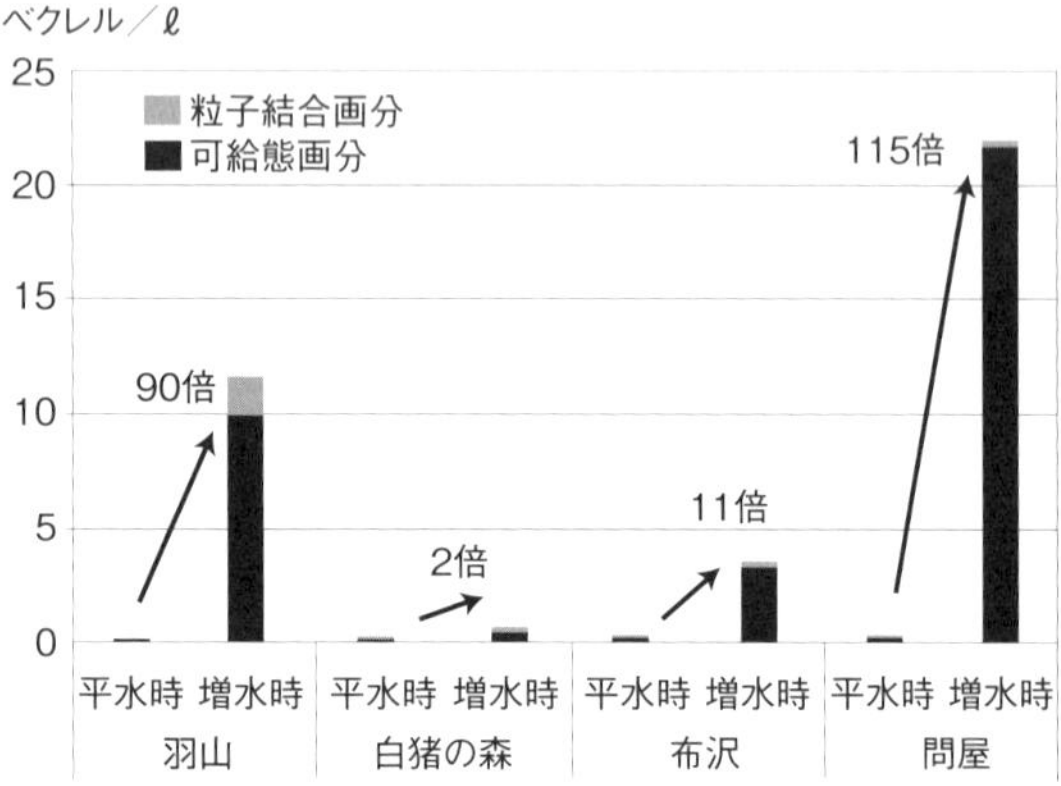

平水時と増水時の違いを示したのが図10である。里山(森林)から流れる農業用水中に含まれる放射性セシウムは、増水時には平常時の九〇倍や一一五倍にも増加し、その九〇〜九九%は可給態画分であった。里山から直接流れる羽山集落では粒子結合画分(有機物結合画分)が相対的に多く、最下流の問屋集落では可給態画分が圧倒的に多い。

農業用水に含まれる放射性セシウムが稲の栽培期間中に新規負荷した量を計算すると、玄米一kgあたり三四〜二一二ベクレルとなった。しかし、前述した土の吸着・固定能力と長年の有機農業によってカリウムが補給されていたため、玄米から放射性セシウムは検出されていない(検出限界値は玄米一kgあたり五ベクレル、以下玄米については同じ)。

また、東和地区の減水深(一日三〜五mm)は新潟県の平均(一五〜二〇mm)と比べてかなり少ない。これは、天水を利用しているために水を大切に使用してきたからだ。たとえば、一日の減水深が五㎜の布沢集落の水田では、二〇一二年の稲栽培期間中の水の流入量は九〇〇㎜だった。これは、一日の減水深が五〇㎜の南相馬市太田川流域と比べて非常に少ない。里山(森林)からの水の流入量が多い水田では、常に監視が必要である。

ゼオライトや塩化カリウムなどの効果はない

福島県は二〇一二年三月、一〇aあたり一律ゼオライトと塩化カリウムを三〇kg投入することを水田作付けの条件とすると発表した。農家にとっては大変な作業である。一方、二本松市は前年に小浜地区で暫定規制値と同じ放射性セシウムを含む玄米が見つかったため、条件付作付けとなり、稲作を行わなければ一〇aあたり五万七〇〇〇円の補償金が支払われた。東和地区ではこの年、水田面積の約三〇%で作付けが行われなかった。

菅野正寿さんは、一四種類の資材を入れたげんき堆肥とボカシ堆肥を投入する有機農業を三十数年間、続けている。私たちは、ゼオライトや塩化カリウムを施用する必要はないと考えていたので、布沢集落にある菅野さんの水田(対象区)で従来の堆肥だけで栽培し、福島県の方針が正しいか確かめることにした。比較したのは、ゼオライトと塩化カリウムに加えて、もみ殻と燻炭である。

ゼオライトは、放射性セシウムを吸着するといわれる鉱物だ。もみ殻は、水中に含まれる放射性セシウムを隙間に吸着すると言われている。もみ殻を燃やして炭にした燻炭は、多孔質でカリ成分を含む。したがって、放射性セシウムを吸着するとともに、土壌中から水に溶けて生じる交換反応によって放射性セシウムの土壌固定を高める交換性カリウムを増やす。

げんき堆肥とボカシ堆肥を施用してきた菅野さんの水田には、交換性カリウムが土壌一kgあたり二〇〜三〇mg含まれている。比較試験の結果、ゼオライト、もみ殻、燻炭と塩化カリウムの基肥と追肥による放射性セシウムの低減効果は、まったくないことがわかった(図11)。げんき堆肥とボカシ堆肥に含まれるカリウムで十分だと思われる。移行係数も、ほとんど変わらなかった(いずれも小さい)。なお、玄米から放射性セシウムはほぼ検出されていない。

また、二〇一二年度に東京農工大学のグループが東和地区で行った調査では、粘土や腐植に吸着した放射性セシウムが八〇〜九〇%あるので、作物に移行しにくいことがわかった。そして、水に溶けていたり、水に溶けやすいイオン交換性の放射性セシウムは稲に吸収されやすいが、一〇%以下と少ないうえに、交換性カリウムが十分に存在するので、作物への吸収が抑えられていると考えられる。

図 11　有機農業を長く続けてきた水田における農業資材と塩化カリウムの影響（2012 年、東和地区布沢集落）

（1）農業資材の施用

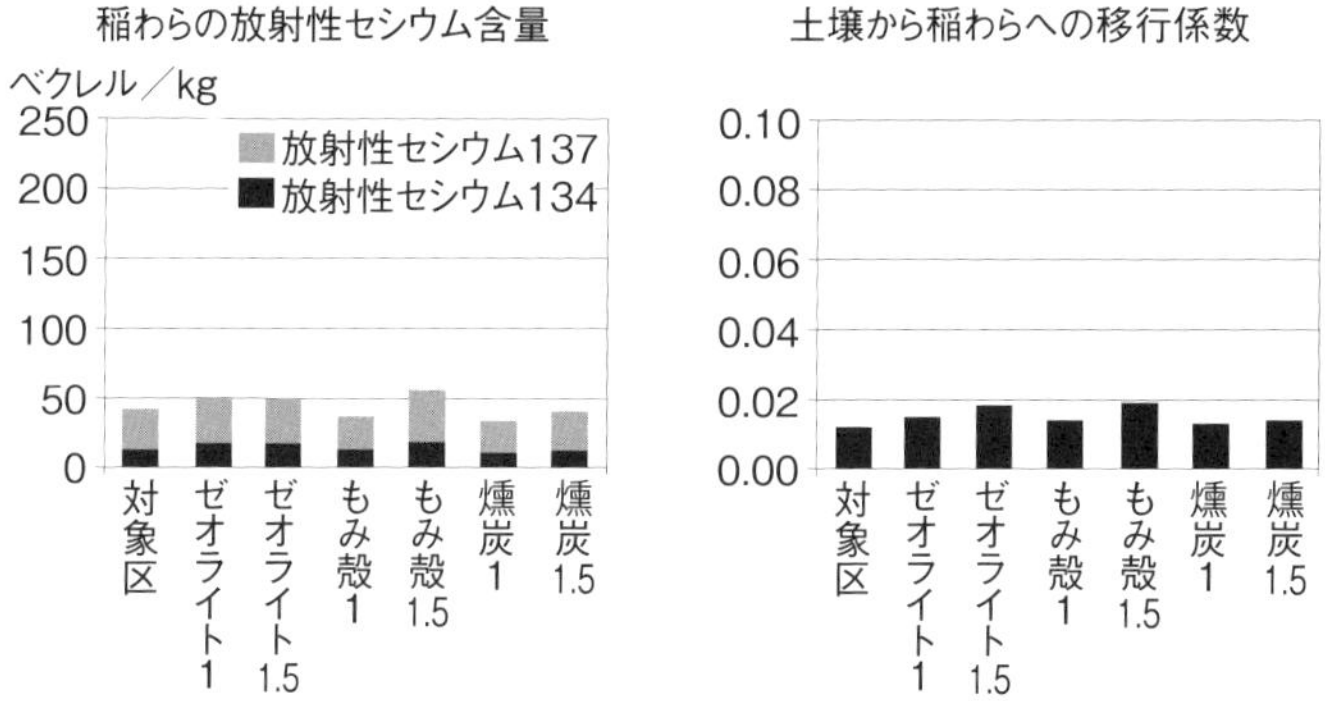

（2）塩化カリウムの施肥

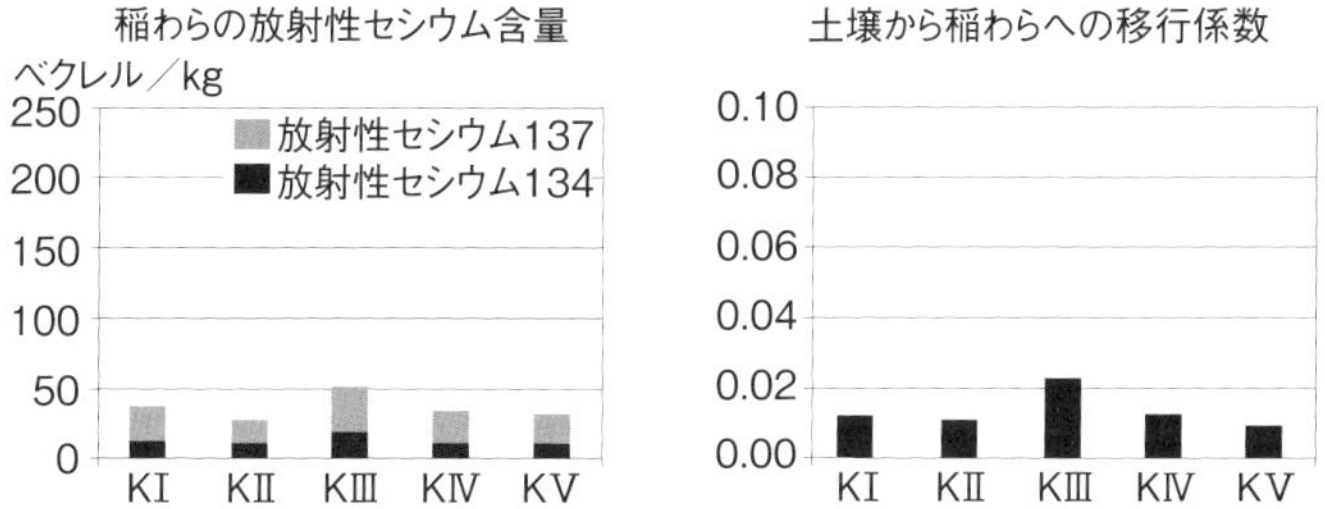

（注）農業資材と塩化カリウムの投入量は以下のとおりである。ゼオライト 1 = 200kg/10a、ゼオライト 1.5 = 300kg/10a、もみ殻 1 、燻炭 1 = 67kg/10a、もみ殻 1.5、燻炭 1.5 = 100kg/10a、KⅠ基肥＝塩化カリウム 4kg/10a、KⅡ基肥＝塩化カリウム 2.4kg/10a、出穂 40 日前に追肥 1.6kg/10a、KⅢ基肥＝塩化カリウム 3.2kg/10a、出穂 40 日前に 0.8kg/10a、KⅣ基肥＝塩化カリウム 3.2kg/10a、出穂 26 日前に追肥 0.8kg/10a、KⅤ＝塩化カリウム基肥 2.4kg/10a、出穂 26 日前に追肥 1.6kg/10a。

また、げんき堆肥を長く投入してきた武藤一男さんの畑で、投入の有無によってどんな差が出るかも調査した。その結果、一〇aあたり〇・五トン投入した畑では、まったく投入しない畑と比べて、葉大根とカブの放射性セシウム含量が三〇~四〇%低減している。

これらの調査をふまえて、私たちは次の三点を農家に提案した。

①従来どおりの有機農業を中心とした栽培方法でよい。

②有機物で補給する以上のカリ肥料を入れると、カリウム過剰になる。そのため、稲がでんぷんやタンパク質合成を盛んに行い、食味が低下する。

③増水時に水を通して運ばれる放射性セシウムの新規負荷に注意する。

この結果、布沢集落では二〇一三年度、すべての水田で作付けが行われた。そして、玄米の放射性セシウム含量はすべて検出限界値以下であった。

図 12　不耕起畑の土壌中の放射性セシウム含量

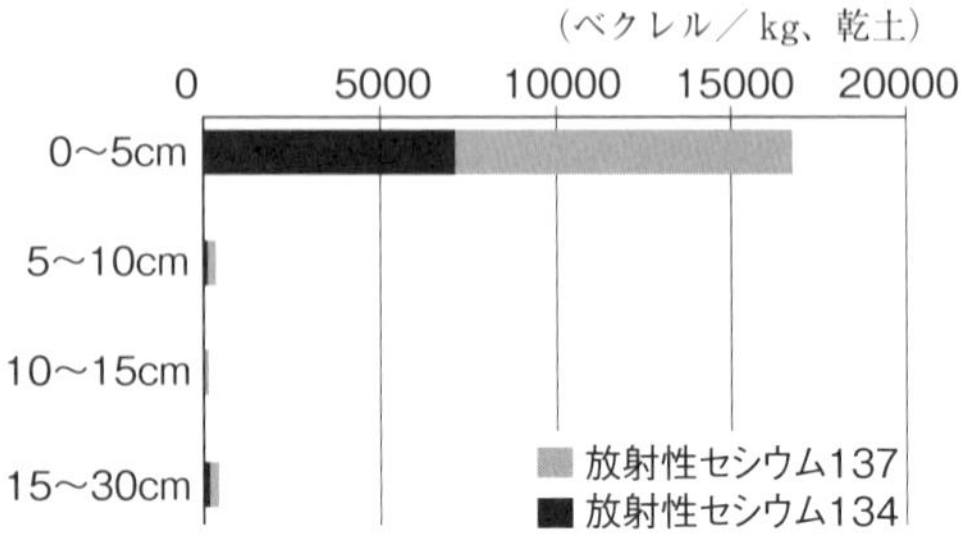

（注）2011 年 10 月 16 日に調査した。

耕作によって空間線量率が下がる

山木屋地区に隣接する菅野さんの畑（不耕起）では二〇一一

年一〇月、土壌の放射性セシウム含量が表層〇～五cmで一kgあたり一万七〇〇〇ベクレルあった(図12)。これは、三〇cmまでの全含量の九七％にあたる。五cmより深いところはほとんど汚染されておらず、この畑に生育していた牧草の放射性セシウム含量は一kg乾燥重あたり三四〇〇ベクレルであった。

この時点で、土壌表面一cmの空間線量率は毎時二・四マイクロシーベルトであった。菅野さんは私たちと話し合って、すぐにロータリー耕(耕耘機で土壌を掘り起こし、約一五cm均一に攪拌する)を行う。その結果、一五cmの深さに放射性セシウムが均一に混ざり(図13)、土壌表面一cmの空間線量率は毎時〇・七マイクロシーベルトと三分の一以下に下がり、牧草の放射性セシウム含量も一kg乾燥重あたり一一五ベクレルまで下がった。この畑で栽培されている大根とカブは甘みがあり、美味しい。いずれも、放射性セシウムは検出限界値(一kgあたり五ベクレル)以下である。

図13 不耕起畑のロータリー耕後の土壌中の放射性セシウム含量

(ベクレル／kg、乾土)

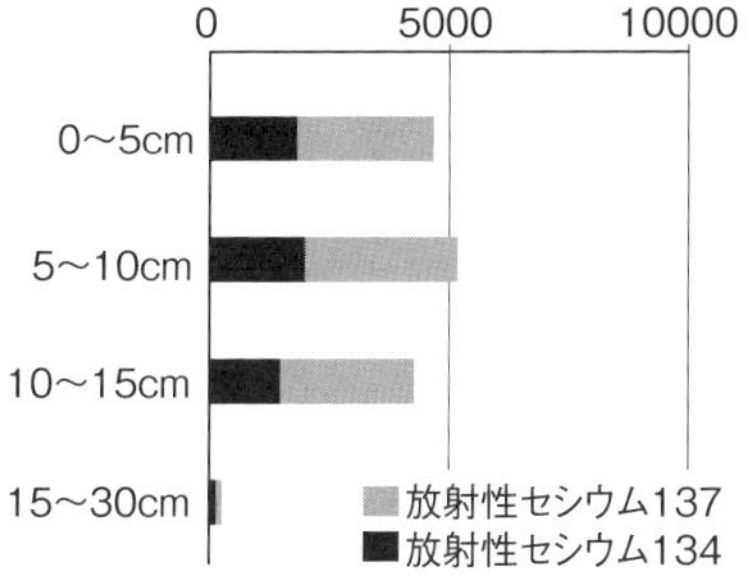

(注)2011年10月16日に調査した。

一〇月にはこの畑に菜の花の種を播き、翌年六月に花が咲いた。そのときの土壌表面一cmの空間線量率は、耕していない農道が毎時一・六九マイクロシーベルト、菜の花畑が毎時〇・四一マイクロシーベルト。耕作によって四分の一に低下した。

原発事故直後、福島県や北関東で露地栽培されていた野菜は、降下する雨や雪に含まれる放射性物質で汚染された。放射性セシウムは葉から吸収され、新しく成長した葉や果実に移動して、春野菜は出荷停止になった。東和地区も、その例外ではない。しかし、この年の夏野菜や秋野菜の放射性セシウムは検出限界値(一kgあたり五ベクレル)以下であった。稲や野菜については、耕すことによって農業者の外部被曝が低下し、安全に生産できるのだ。

大豆の放射性セシウム汚染と低減対策

一方、大豆、山菜、野生きのこの一部からは、残念ながら現在も放射性セシウムが検出され続けている。

大豆は、空気中の窒素を根粒菌(根に共生してマメ科植物に窒素を与えるバクテリア)が吸収して栄養分とする。根粒菌は、土壌中に窒素成分が多いと空気中の窒素を固定しない。したがって、大豆栽培時は窒素を含む有機堆肥(化学肥料も)を投入しない場合が多いので、土壌の肥沃性が低い。だから、放射性セシウムを吸着する腐植や吸収を抑制する交換性カリウム含量は小さい。そのため、放射性セシウムが検出されやすい。また、山菜や野生きのこから検出されるのは、放射性セシウムが蓄積した森林の落葉層から養分を吸収して生育するためだ。

私たちは大豆畑の調査も行ってきた。東和地区では、麹いらず、黒豆、青豆、小豆、香り豆など多くの種類が栽培され、道の駅で販売されている。これらの豆を使用した納豆、油揚げ、豆腐などもある。

約三〇〇カ所の大豆畑で調査したところ、土壌中の放射性セシウムは一kgあたり最低一五〇ベクレル、最高七六〇〇ベクレルと、大きな差があった。同じ集落でも、場所によって大幅に異なる。ただし、大豆中の放射性セシウム含量と土壌中の放射性セシウム含量は、稲と同様に相関関係がなかった。二〇一一年の大豆からの最高値は一kg乾燥重あたり一二〇ベクレルだったが、その土壌は一kgあたり二二〇〇ベクレルと決して高くはない。最高値を出した畑で二〇一二年から、豆の種類(麹いらず、黒豆、青豆、小豆、香り豆)、カリ肥料、交換性カリウム含量、土壌水分量などの違いによる影響を調べている。その結果カリ肥料による吸収抑制効果はわずか数%で、劇的ではなかった。

大豆の放射性セシウム吸収抑制技術の開発は、緊急の課題である。とくに、乾燥すると水分がなくなるから、重量あたりの放射性セシウム含量が高まる。そのため、乾燥大豆を使用した田舎料理を避ける人たちがいる。大豆に限らず、検出限界値以下であっても地元産の米や野菜を食べない若い人たちも少なくない。道の駅の近くにある東和地区唯一のコンビニで買った食品を子どもに食べさせる、ゆうきの里東和の会員も出てきた。

そこで二〇一二年七月、道の駅で「食の持つちから～美味しく食べることが大事」という講演会を開催した。講師は栄養科学を専門とする新潟大学農学部の藤村忍准教授だ。大豆や米の放射性セシウム含量を測定し、検出限界値以下と証明された地元の農産物を原発事故以前のように食べるのが健康に一番よいことを再認識するのが目的である。

二〇一三年度は、放射性セシウムの吸収が高くなる傾向がある麹いらずを用いて試験を行った。その結果からは、大豆は土壌中の水分含量が高いと水に溶けた放射性セシウムを多く吸収する傾向があり、一〇cm程度の高畝栽培によって吸収が抑制される可能性が示唆されている。

桑の木の放射性セシウム抑制対策

ゆうきの里東和では、特産の桑を用いた健康食品として桑の葉茶や桑の葉パウダーを開発し、主力商品として販売してきた。東京農工大学の横山正教授は糖尿病でインシュリンを定期的に投与してきたが、東和地区の調査を始めてから桑の葉茶を食事前に愛飲するようになる。その後、インシュリンの投与が不要となって、健康状態が改善されたと言う。

1980年代に植えた桑の古木の根を掘り起こしてもらった。左の２人は新潟大学の学生で、ともに2014年４月に福島県に就職する。

桑の樹皮に吸着した放射性セシウムは、二〇一一年五月以降、新芽に移行していたことが後の調査で判明する。翌年五月にはカリ肥料を葉面施用したが、低減効果は数％にすぎず、国の基準値である一kgあたり一〇〇ベクレルを超える桑の葉茶が見られた。私たちは、こうした調査結果を基礎資料として東京電力と交渉。桑の木を更新できるだけの補償金を得て、二〇一三年四月に新たに桑の木を八〇〇〇本植えた。二〇一四年も六〇〇〇本植える予定である。

この新しく植えた桑の木と、約三〇年前の一九八〇年代に植えた桑の木で、比較調査を行った。桑畑の土壌中放射性セシウム含量は、一kgあたり平均二〇〇〇ベクレル程度である。このときも地元農家が協力し、古木の桑の根を二時間かけて掘り起こしてくれた。

古木では、直径三〇cmの幹の樹皮に蓄積した放射性セシウムの五月以降の新葉への移行は、一kgあたり五〇ベクレル程度であった。土壌中に蓄積された放射性セシウムの根からの吸収はまったくない。一方、新しく植えた桑の木では根からの吸収が見られ、一kgあたり一〇〇ベクレル以上が新葉に移行していた。これは、桑を自然のまま育てているため土壌肥沃性が低いからであろう。水田や畑のように、げんき堆肥の施用による土壌改良で吸収が抑制できると考えられる。

ただし、玄米と同様に、有機物の施用によるカリウムの増加はタンパク質の増加につながるため、桑の葉茶の味の低下が心配される。これをどう解決していくかに、二〇一四年度から取り組む予定である。

稲架掛け乾燥は安全

中通りや会津のように平地が少ない地域では、収穫後の稲を稲架掛け乾燥して、美味しいお米を食べてきた。ところが、原発事故後、稲架掛けを行うと放射性セシウムが玄米に移行するという噂が広がっていく。

そこで、機械乾燥と稲架掛け乾燥の比較調査を行った。茨城大学の小松崎将一准教授の調査では、いずれも玄米中の放射性セシウム含量は〇～一二ベクレルと低く、稲架掛けによる玄米への移行は見られなかった。稲架掛けの風景を、いつまでも残したい。

なつかしい稲架掛けの風景

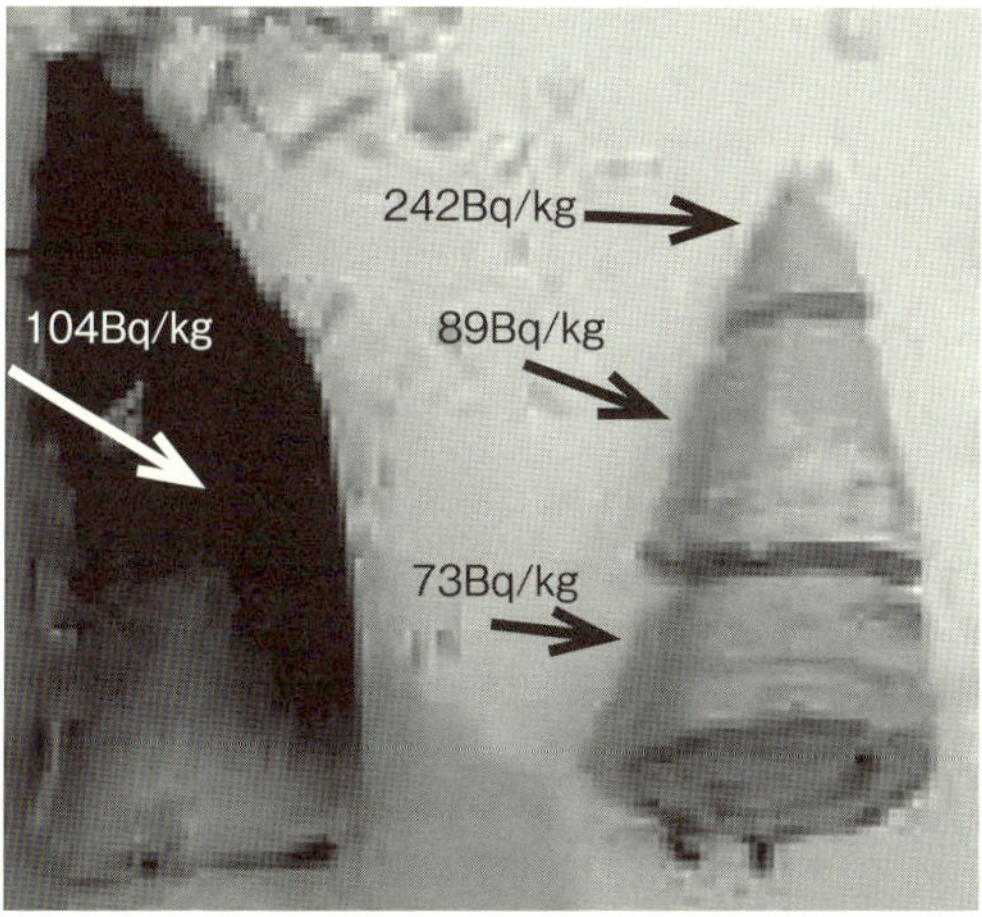

タケノコの部位別の放射性セシウム含量

タケノコは先端部分の放射性セシウム含量が高い

小松崎准教授は農家の要望で、タケノコの調査も二〇一二年に行った。その結果、吸収された養分を積極的に利用して新規成長する部位で高くなることが明らかになった。一二一ページの写真を見るとわかるように、先端部分は一kgあたり二四二ベクレルで、可食部の平均値(一kgあたり九三・八ベクレル)の二・六倍である。

したがって、竹林の落葉層で放射性セシウムが検出された場合、収穫したタケノコは先端部分、中間部分、根元に分けて放射性セシウムを測定するとよい。そして、検出限界値(一kgあたり五ベクレル)以下の部分を食べるようにお薦めする。

3 上流の放射能汚染が下流の稲作に影響する

二〇一三年三月から南相馬市原町区太田地区で、地元農家とともに、太田川流域の水田で実証実験を始めた(第1章4参照)。この地域では、上流の横川ダムとその集水域の放射能汚染が高い。実証実験を行った中流域の中太田地区(口絵2)の空間線量率は毎時〇・三〜〇・四マイクロシーベルト、土壌中の放射性セシウム含量は一kgあたり一〇〇〇〜二〇〇〇ベクレルだった。

表２　南相馬市の実証水田における米の全量全袋検査（2013年度）

市町村名	旧市町村名	検査済点数	検査済の構成割合（%） 基準値以下 25ベクレル未満	25～50ベクレル	51～75ベクレル	76～100ベクレル	基準値超 100ベクレル超
南相馬市		9,208	83.1	11.2	3.5	2.0	0.1
原町区	太田村	1,207	11.0	49.9	22.9	15.2	1.0
	石神村	556	38.7	52.1	9.2	0	0
	大甕村	38	0	76.3	21.1	2.6	0
	高平村	313	80.2	19.8	0	0	0
	小　計	2,114	28.3	46.5	15.8	8.8	0.6
鹿島区	真野村	1,171	99.7	0.3	0	0	0
	上真野村	3,752	99.8	0.2	0	0	0
	鹿島町	522	100.0	0	0	0	0
	八沢村	1,649	97.8	2.1	0.1	0	0
	小　計	7,094	99.4	0.6	0.0	0	0

（出典）南相馬市経済部農林水産課資料。

南相馬市は二〇一三年一一月、実証水田における全袋検査の結果を発表した（表２）。太田地区（太田村）では、約四〇％の放射性セシウム含量が一kgあたり五一ベクレル以上と、相当に高い。だが、土壌の平均は一kgあたり一六五七ベクレルであり、玄米から不検出であった東和地区と比べて、かなり低い。

私たちは二〇一一～一二年度の東和地区の調査経験をもとに、農業用水（水質・水量・減水深）、土壌、稲、玄米の放射性セシウム含量を測定した。実証圃場は五カ所である。施肥・耕起後の四月一九日、中干し期の七月六日、収穫前の九月一八日に、それぞれ水口・中央・水尻の試料を採取し、放射性セシウム含量や交換性カリウムなどを分析した。

その結果は、放射性セシウムの稲への移行の低減には土壌中の交換性カリウム含量が大きな要因であるという福島県や農水省の知見とは異なっている。

二〇一三年一月に福島県と農水省が示した「放射性セシウム濃度の高い米が発生する要因とその対策について～要因解析調査と試験栽培等の結果の取りまとめ～（概要）」では、①土壌中の交換性カリウム含量が一〇〇gあたり二五㎎K_2O（カリウム（K）で測定して、酸化物K_2Oで表す）以下の水田において稲の放射性セシウム吸収が高くなること、②土壌中の放射性セシウム含量が一kgあたり二三三五ベクレル、交換性カリウム含量が一〇〇gあたり三・〇㎎K_2Oにおいて、とくに分けつ期（六月上旬）以降、稲の放射性セシウム吸収が急激に高くなることを示し、生育前半期での塩化カリウム施肥を薦めている。

私たちの実証試験でも、田植え前に栽培条件である塩化カリウムを施肥した。また、交換性カリウム含量は、施肥・耕起後に水口・中央・水尻とも一〇〇gあたり四〇～五〇㎎K_2Oであり、分けつ期（六月中・下旬）においても一〇〇gあたり三〇㎎K_2O前後ある（図14）。

土壌中（〇～一五㎝）の放射性セシウム含量は、東和地区と同じく水口が高い。そして、水口と中央では徐々に減少していく傾向がある。九月一八日の平均値は、一kgあたり一七三七ベクレルであった（図15）。

図 14　土壌中のカリウム含量の継時変化（水溶性＋交換性）

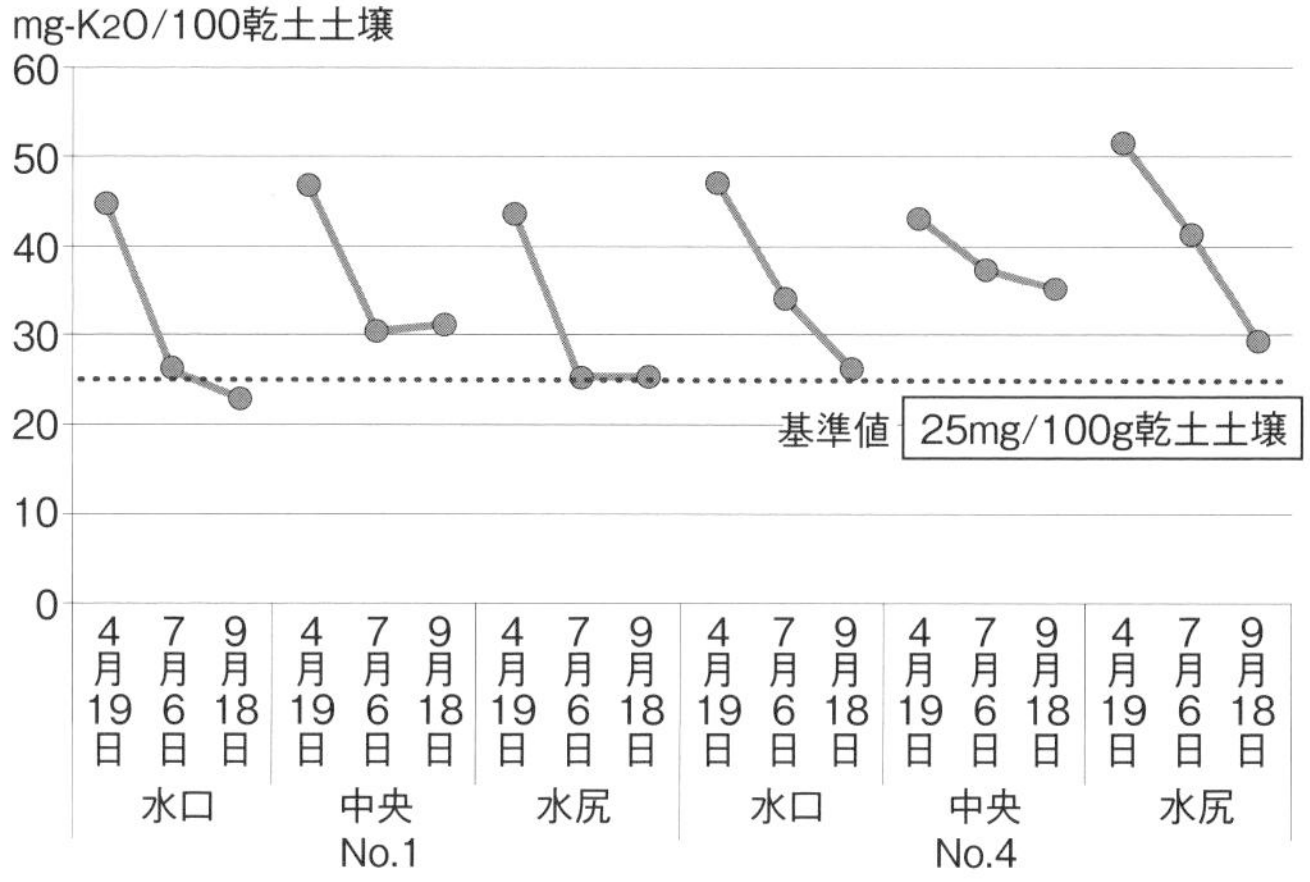

図 15　土壌中の放射性セシウム含量の継時変化（水溶性＋交換性）

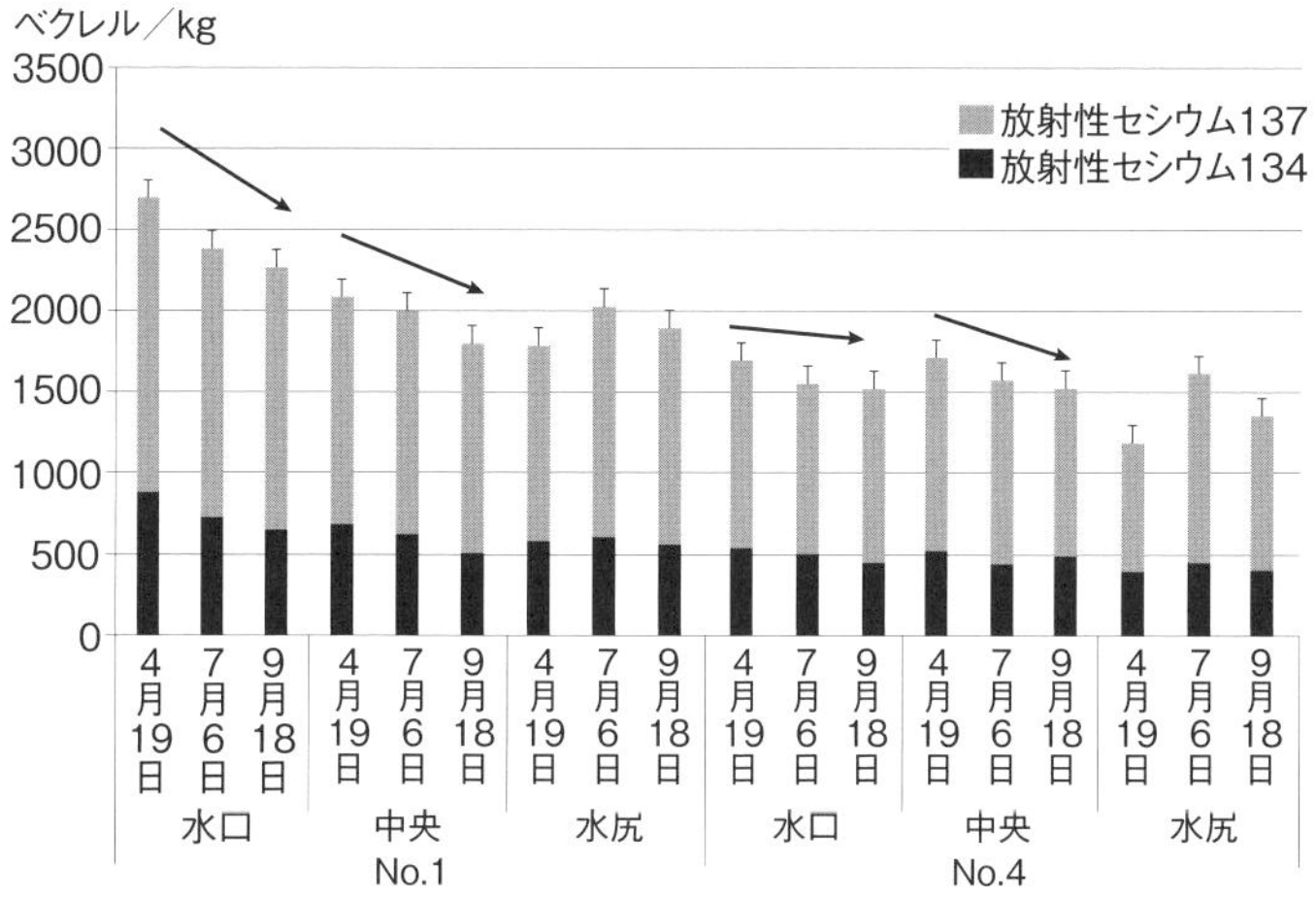

玄米中の放射性セシウム含量も水口が高い。いずれも国の基準値である一kgあたり一〇〇ベクレルを超えた(図16)。また、福島県と農水省の知見とは異なり、土壌中の放射性セシウム含量が一kgあたり一〇〇〇～一五〇〇ベクレルであっても、玄米の放射性セシウム含量は一kgあたり五〇ベクレルを超えている。

土壌から玄米への放射性セシウムの移行係数も、東和地区と比べて三～五倍も高い(図17)。

私たちと同時に調査している吉川准教授グループによると、東和地区の棚田水田が一日に使用する水の量が三～五㎜であるのに対して、太田川流域水田は五〇㎜であるという(一一一ページ参照)。太田川流域は扇状地で、横川ダムの水を多量に使うかけ流し水田だからである。一一月の農家説明会である農家が話したように、この地域では大量のきれいな水を使って美味しいお米を作ってきたのだ(七三ページ参照)。

農業用水に含まれる放射性セシウムを一ℓあたり〇・〇〇一ベクレルまで測定した結果では、二〇一三年に太田地区の水田土壌に蓄積されていた放射性セシウム総量に対して、稲の栽培期間中に横川ダムの水を通して新規に流入した放射性セシウム総量は、東和地区の一五倍である。これは、玄米一kgに対して、放射性セシウムの新規負荷量が一五〇〇～三〇〇〇ベクレルであることを意味する(東和地区は一〇〇～二〇〇ベクレル)。しかも、

図 16　玄米中の放射性セシウム含量

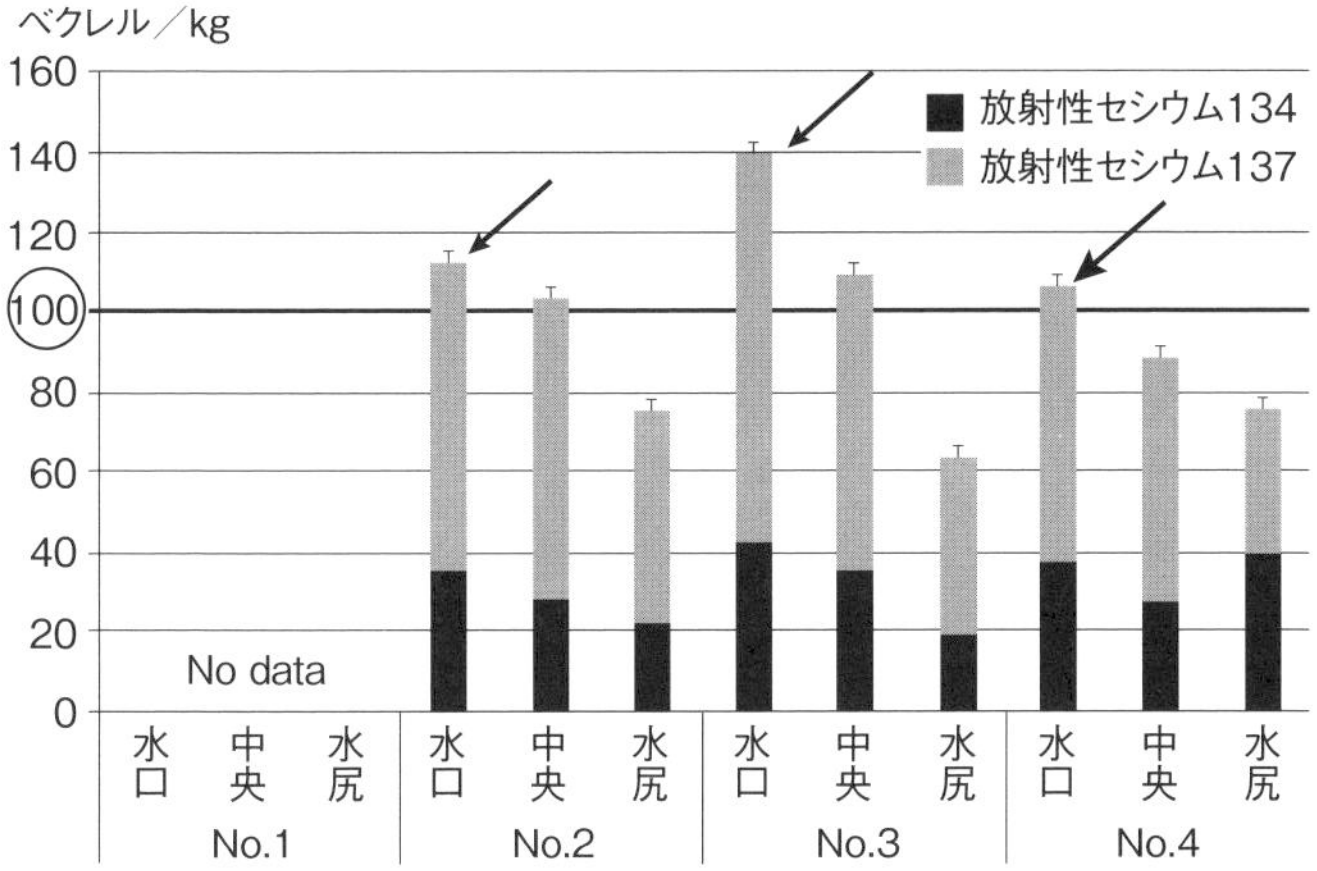

(注)No.1 は調査日にすでに刈り取られており、測定できなかった。

図 17　土壌から玄米への移行係数

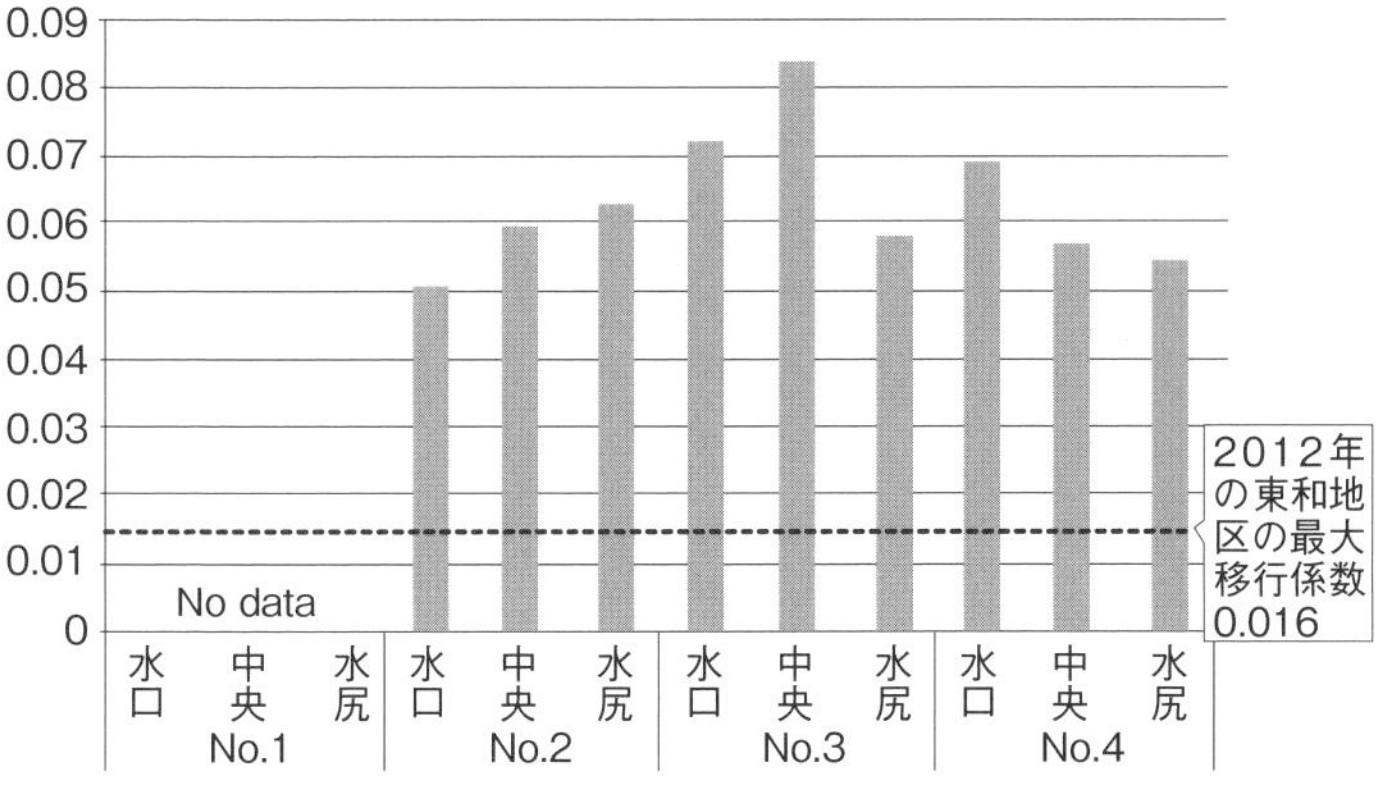

(注)2013 年 9 月 18 日に採取した土壌で、セシウム 134 と 137 の合計含量。

図18　中干し以降の土壌中水溶性カリウム濃度と玄米中の放射性セシウム濃度の相関関係（2013年7月）

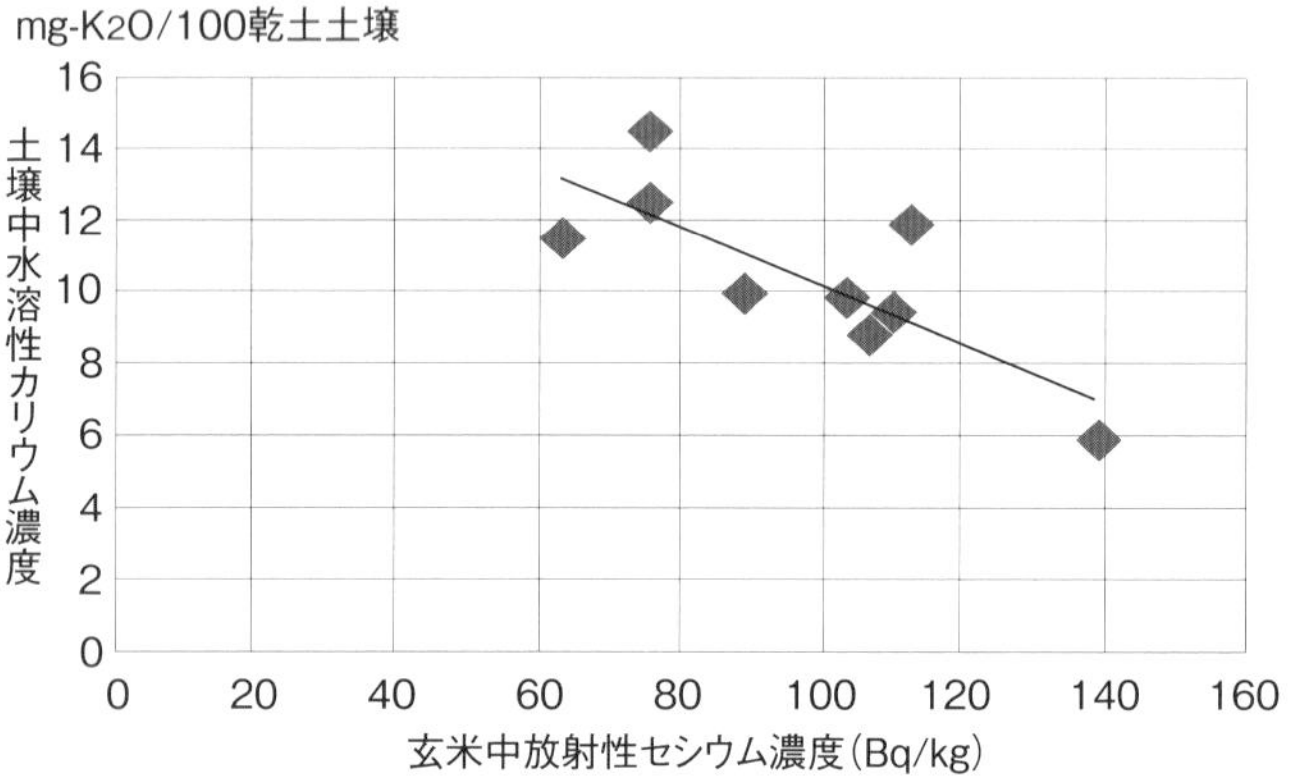

稲に吸収されやすい溶存態として水に溶けている放射性セシウム総量は、東和地区の五・五倍であった。

以上から考えると、土壌中の放射性セシウム含量が玄米への吸収・移行がほとんどないと考えられていた一kgあたり一〇〇〇〜二〇〇〇ベクレルであっても、水を通した放射性セシウムの流入が多い場合は、玄米への吸収・移行が高くなる可能性が強い。また、七月以降、生殖成長期の急激な交換性カリウム、とくに水溶性カリウムの減少が、玄米への吸収・移行を高めた可能性が高い（図18）。太田地区では、中干し以降に水の利用量が多くなり、水溶性カリウムが急激に減少している。

さらに、太田地区で玄米への移行係数が高くなった要因として、放射性セシウムの形態の違いが

図19　太田地区と東和地区(布沢集落)の土壌中の放射性セシウムの形態の違い
(ベクレル／kg、乾土)

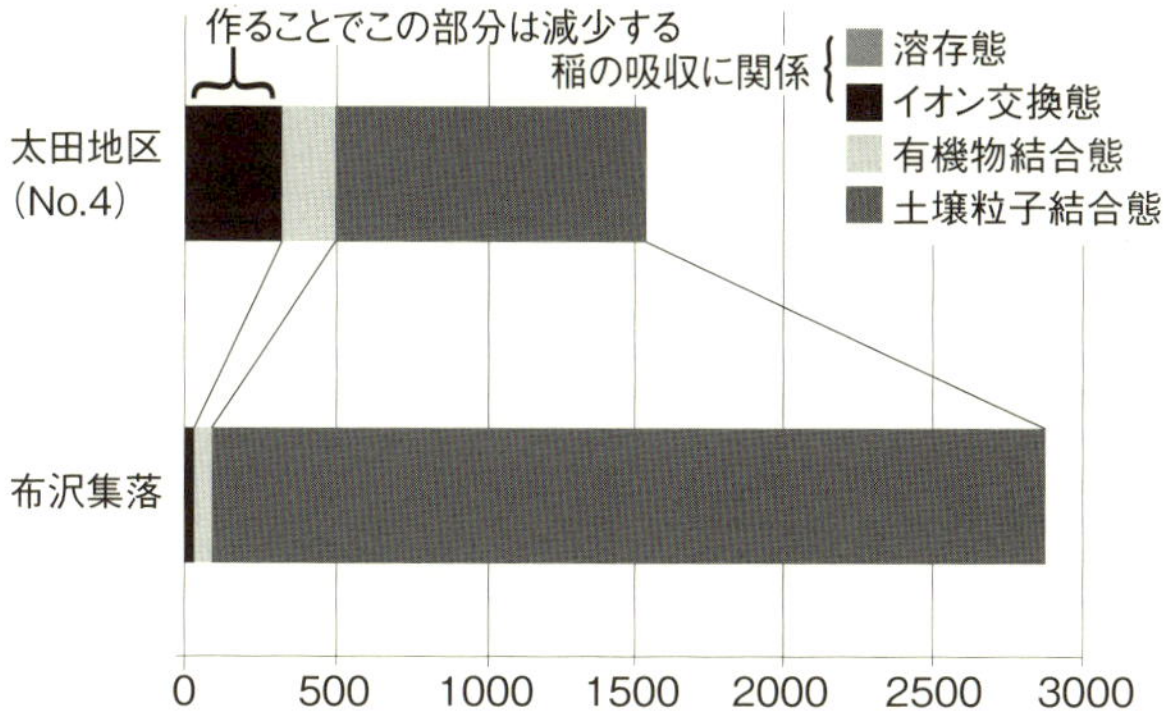

考えられる。長年、有機農業を行ってきた東和地区(布沢集落)と比べて、土壌粒子結合体(腐植結合体も含む)が少なく、水に溶けている形態(溶存態)や水に溶けやすい形態(イオン交換態)が多い(図19)。

二〇一四年度に南相馬市で稲作が再開される地域の農業用ダムは、高濃度に汚染された飯舘村と浪江町の集水域を有する。その農業用水を使用する太田川流域や小高区の水田に影響する可能性が高い。どのように解決するか、農家とともに考えなければならない。南相馬市、新潟大学・福島大学、農家が協力して、この地域の広範な調査を行い、農業の再建につなげていきたい。

4 情報の公開で風評被害を乗り越える

ゆうきの里東和は、私たちと東京農工大学の調査研究に対して組織をあげて協力し、日常的に情報を交換し、調査結果はすべて公表してきた。また、私たちが調査結果を常に農家に報告し、ともに対策を協議するなかで、これまでの農家の経験に対する科学的裏付けがされた。たとえば、げんき堆肥は放射性セシウムを吸着するだけでなく、自然界のカリウムを農地に補充して、放射性セシウムの吸収抑制を行っていたのである。それがわかった結果、げんき堆肥の使用量が増えたという。

ゆうきの里東和では原発事故後いち早く農地の汚染マップを作成し、七月から農産物の測定を開始した。ここでは、二〇一二年度の測定結果をまとめておこう(いずれも一kg乾重あたり、検出限界値は、山菜と大豆が一〇ベクレル、それ以外は五ベクレル)。

①野菜：八四七検体測定。一〇〇ベクレル以上は一点(ミョウガ)。九七・五％は二五ベクレル以下。

②果物：五八検体測定。一〇〇ベクレル以上は一点(梅)。四六・六％は二五ベクレル以下。

③豆類：二四検体測定。一〇〇ベクレル以上はなし。八三・三％は二五ベクレル以下。

全体では、検出限界値一〇ベクレルで測定して、不検出は野菜八六・七%、果物・豆類・山菜・加工食品などの合計で六八・九%だ(二〇一三年度は分析中)。

これらの結果は農家と消費者にすべて公開している。道の駅で販売される農産物と加工品の原料は、すべて検出限界値以下である。

私たち研究者が目指すのは、すべての農産物が五ベクレル以下になることだ。道の駅の二〇一二年度の販売額は、二〇一〇年度の九二%、ゆうきの里東和全体でも八五%まで回復した。二〇一三年度の販売額は、二〇一〇年度の一一〇%に伸びている(二月現在)。

里山(森林)、農地、水、農産物、農産物加工品、料理の徹底した放射性セシウム検査とその公表は、ゆうきの里東和の会員に安心感をもたらし、営農の継続につながった。最近では、ゆうきの里東和で測定した農産物は安心であるという認識が会員以外にも広がっている。さらに、都市部の消費者にも理解され、販売が回復し、行政の応援で所沢市(埼玉県)や四街道《よつかいどう》市(千葉県)などに新たな販路が生まれた。原発事故直後に破壊された家族や地域のコミュニケーションも、復活してきた。

こうした活動は『統合知――〝ややこしい問題〟を解決するためのコミュニケーション』(山田まさる著、講談社、二〇一二年)で、統合知の実践として紹介された。そこでは、福島の現実を首都圏の消費者に「知って」「考えてもらう」だけでなく、福島県内の生産者と消費者の不安の解消を最優先にすることが大切であると書かれている。私もまったく同感だ。

ゆうきの里東和の会員約二六〇名のコミュニケーションの復活が東和地域全体に広がり、現場で役に立ちたいと思う研究者の「知の統合」を生み出した。そして、多くの人たちが農家との交流をとおして現場で「農」を体験している。さらに、原発事故直後から支援する企業、NPOと大学・学生の協働で、人が人を集める広がりと新たなコミュニケーションが生まれつつある。

山菜や野生きのこ、それらを食べる昆虫や動物からは、放射性セシウムが検出され続けているが、地域資源を利用して土壌肥沃性を高めてきた農地で生産された米や野菜の大半からは二〇一二年以降、放射性物質は検出されていない。にもかかわらず、福島産に対する風評被害はなくならない。

それでも、里山(森林)と農地を守り、後継者を育成してきた人びとは、土に触り、作物を作り続ける。福島の農業を復興するには、多くの人たちと語り、多くの人たちを巻き込みながら、すべてのデータを公開し、情報を発信していくしかない。それは、近代化・工業化で歪んだ日本の農業の修正でもある。地域資源を上手に活かしながら、人と資源を循環させていきたい。

第3章

足尾と水俣に学ぶ

1　初めて公害にノーと言った日本人・田中正造

田中正造の言葉

福島第一原発事故から二年後の二〇一三年は、田中正造が亡くなって一〇〇年目だった。彼が生涯をかけて闘った足尾銅山（栃木県足尾町（現・日光市））は、原子力発電所と同様に、当時の近代文明の象徴である。その足尾銅山が起こした鉱毒事件によって北海道へ強制的な移住が行われるまで谷中《やなか》村の農民と農的生活をともにした正造は、経済優先の文明を批判し、農業と自然との共生を重んじる文章を日記に多く残した。亡くなる一年前の一九一二（明治四五）年六月一七日の日記は、広く知られている。

「真の文明ハ山を荒らさず、川を荒らさず、村を破らず、人を殺さざるべし」

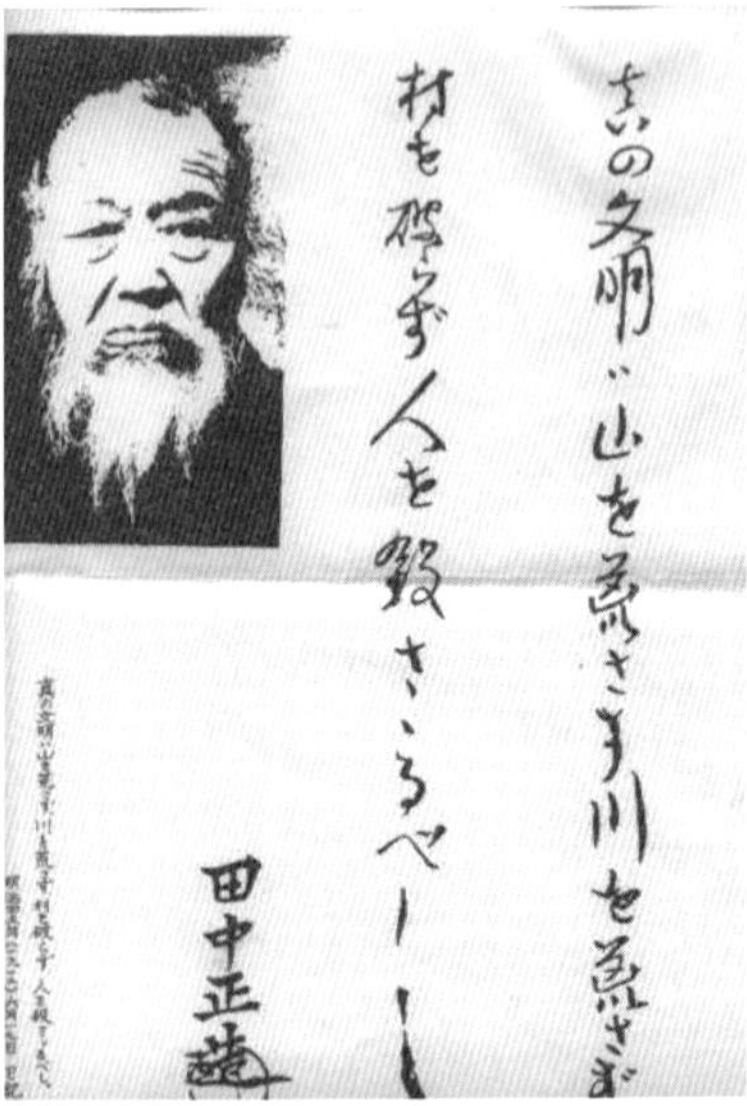

（出典）佐野市郷土博物館。

足尾銅山は、栃木県と群馬県の県境・皇海山《すかいさん》を水源とする渡良瀬川《わたらせ》の上流に位置していた。古河財閥《ふるかわ》の創業者である古河市兵衛は、一八七五（明治八）年に明治政府から新潟県鹿瀬村《かのせ》（現・阿賀町《あが》）の草倉銅山の払い下げを受け、鉱山経営のノウハウを身につける（鹿瀬町には新潟水俣病の加害企業・昭和電工の鹿瀬工場があった）。二年後の一八七七（明治一〇）年には足尾銅山を買収し、国策として開発を行った。

一八八一（明治一四）年に有望な鉱脈が発見されると、大規模な銅山開発が行われていく。採掘に必要とする燃料資材の供給用に周辺の森林は伐採され、精錬の鉱毒ガスを原因とする酸性雨が降り注いだために、裸地となった（現在も植林が行われている）。一八九〇（明治二三）年八月には大雨によって洪水が発生し、下流域（現在の群馬県桐生市・太田市・館林市、栃木県足利市・佐野市）の農地に大量の重金属を含む土砂が流入。稲の収穫は皆無となり、多くの農民が貧困に苦しんだ。一八九六（明治二九）年にも三回の大洪水が発生する。

急激な銅山開発は多くの環境破壊を引き起こしていく。製錬に伴い、酸性物質が大気中へ放出されるために酸性雨が降り、堆積場から渡良瀬川へ重金属が流出した。その結果、流域農地が汚染され、農作物の被害が激化する。さらに、重金属の利根川への流入を防ぐために、明治政府によって遊水地（沈殿池）計画が強引に進められた。そして、渡良瀬川と利根川の境界に位置した谷中村は強制的に廃村とされたのである。

二〇一一年三月一一日から一六日にかけて、東日本大震災と福島第一原発事故による放射能汚染問題を映像で見たとき、前述の田中正造の日記の言葉が真っ先に浮かんだ。同時に、巻《まき》原発（新潟県巻町（現・新潟市））建設反対運動に参加し、原発を否定しながらも、電力を利用して近代文明を享受していた自分が、被災地の人たちに申し訳ない気持ちでいっぱいとなった。その後、放射能汚染で苦悩する農家を目の当たりにして、この言葉の重さと田中正造の偉大さを改めて思い知らされた。

故郷の偉人への想い

日本で最初の企業による公害である足尾鉱毒事件を告発し、農家と寝食をともにして彼らを支援した田中正造を初めて知ったのは、私が生まれ育った栃木県葛生《くずう》町（現・佐野市）の小学校校舎入口に掲げられていた写真である。白い髭を伸ばした晩年の野性的な風貌ではなく、代議士時代の凛々《りり》しい顔であったように記憶している。

高度経済成長時代に中学校に入学すると、生まれ故郷の偉大な政治家・思想家、そして農業を守るために農家とともに行動した田中正造の生き様を知った。やがて、当時の大問題であった公害・環境・食の安全に共通する土の汚染に興味をもつようになる。大学では農学部で土壌学研究の道を志した。

その間、荒畑寒村の『谷中村滅亡史』(岩波書店、一九七〇年)、荒畑寒村ほか「土から生まれた思想家」『季刊 田中正造研究2』(伝統と現代社、一九七六年)、林竹二の『田中正造の生涯』(講談社、一九七六年)、東海林吉郎・布川了編／解説の『足尾鉱毒亡国の惨状――被害農民と知識人の証言』(伝統と現代社、一九七七年)など多くの書籍で学んだ。大学教員となってからは、「環境汚染物質化学」という講義で足尾鉱毒事件や水俣病事件を伝えてきた。新潟水俣病事件の被害者の語り部を講義に招いて話していただき、学生と現地見学も行ってきた。

こうした経験から私には、今回の原発事故と放射能汚染が足尾鉱毒事件と重なって見える。たとえば、津波による相馬市松川浦近辺の農地の惨状、放射能汚染によって農家が土に触れることができず荒れ果てた飯舘村の農地の写真(一三八ページ)を見てほしい。これらは、『足尾鉱毒亡国の惨状』に掲載されている一八九一(明治二四)年の『足尾鉱毒惨状画報』(松本隆海編)に描かれた、土の重金属汚染によって作物が育たず、荒れ果てた農地と憔悴している農民の様子を思い起こさせる。

田中正造が没して約一〇〇年。その間、日本の多くの農村地域は過疎化し、里山(森林)は人の手が入らずに荒れ、ダムの建設や護岸工事で川から生き物がいなくなった。近代農業のもとに農薬と化学肥料が多量に使われた結果、農村環境は悪化し、生き物は減り、農

津波で大きな被害を受けた相馬市松川浦付近の農地（2011年５月６日撮影）

放射能汚染で立ち入れなくなった飯舘村飯樋の農地（2013年10月20日撮影）

栃木県足尾郡毛野村川崎（現・足利市）の惨状（『足尾鉱毒亡国の惨状』より）

家には健康被害が生じた。食の安全も脅かされ続けている。さらに、大量生産・大量消費・大量廃棄社会と経済成長優先の政治は、人の心の疲弊をもたらしてきた。

原発事故と放射能汚染を契機に、すべての日本人は自然環境に対する加害者としての自覚をもち、「真の文明」を目指すために、自ら考え、行動してほしい。農業について言えば、福島の農家の苦悩に寄り添い、現場で支え続けることだ。

2　農の人の軌跡

今回の原発事故と放射能汚染、福島の農家の苦悩、それに対する政府と東京電力の対応を見るにつけ、田中正造から学ぶことが多い。ここでは、その生き方と言葉を紹介して、私たちが何をすべきかを考えていきたい。

自己利益のためには行動しない政治家

田中正造は一八四一（天保一二）年に下野《しもつけ》国安蘇《あそ》郡（現・佐野市）の名主の家に生まれた。小作人は一～二名だったという。一八六八（明治元）年には、領主・六角《ろっかく》家の不当な年貢取り立てと支配に抵抗し、入牢している。一八七〇（明治三）年に江刺《えさし》県花輪支庁（現・秋田県鹿角《かづの》市）の下級役人となり、凶作による農民の悲惨な境遇を見聞した。翌年には、上司の暗殺を企てたという容疑で投獄される。これは冤罪であり、一八七四（明治七）年に釈放された。

一八七七（明治一〇）年に政治家を志し、「今より自己営利的事業のために精神を労することなく、「一身以て公共に尽す」決意をした（油井正臣・小松裕編『田中正造文集（一）鉱毒と政治』岩波文庫、二〇〇四年）。今後は自己利益のためには一切行動しないという宣言である。

一八八〇（明治一三）年に、栃木県議会議員となる。栃木県を代表する自由民権運動家であった。その後、栃木県令（現在の知事）・三島通庸《みちつね》の住民の自治を無視した強権的姿勢に抵抗し、三度にわたって投獄される。一八八五（明治一八）年には地元の『下野新聞』で、足尾地域の森林の立ち枯れ、洪水による渡良瀬川のアユの大量死が報道された。

その後、一八九〇（明治二三）年に行われた第一回衆議院総選挙に栃木三区から立候補し、当選する。当時、四九歳であった。以後、一九〇一（明治三四）年に明治天皇に直訴するために辞するまで、六回連続で当選している。

正造が国会議員になった一八九〇年には、足尾銅山の銅生産額は日本全体の三二％を占めていた。同年の大洪水が原因で起きた鉱毒の流入（一三五ページ参照）をうけて、一八九一（明治二四）年の国会で、こう演説する。

「然るに栃木県下野国上都賀郡足尾銅山より流出する鉱毒は群馬県栃木県の間を通ずる渡良瀬川沿岸の各群村に年々巨万の損害を被らしむること、去る明治二一年より現今にわたり毒気はいよいよその度を加え、田畑は勿論堤防竹樹に至るまでその害を被り、将来如何なる惨状を呈するに至るやも知るべからず」（前掲『田中正造文集（一）』）

だが、当時の農商務大臣・陸奥宗光は「質問の主旨がわからない」としか回答しなかった。

農の人として農民に寄り添う

古河鉱業は一八九二（明治二五）年から、被害農民との示談交渉を開始した。しかし、それは、わずかな示談金で以後の被害請求を放棄するという内容（永久示談）である。この方法は、後に熊本水俣病事件でも使われた。田中正造は、この示談に反対するように農家を説得していく。

一八九四（明治二七）年に日清戦争が始まった。その翌年、古河鉱業は被害住民の頭越しに、被害町村と永久示談を結んだ。国と太いパイプで結ばれていた古河鉱業は、日清戦争という国策を背景に住民の意思を無視して力づくで進めたのである。福島県民の強い意思を無視して原発再稼働を進める現在の政府と、まったく同じだ。

正造は一八九六（明治二九）年に渡良瀬川近くの雲龍《うんりゅう》寺（館林市）に鉱毒事務所を設置して、鉱毒による農業と健康の被害で苦しむ農民を支援する運動を始めた。翌年には国会に「公益に有害の鉱業を停止せざる儀につき質問書」を提出し、銅山の操業停止を求める。これに対して、国は鉱毒防止工事を命令する。ところが、その実態は、増産のための粉鉱採取器の設置であった。

一八九八（明治三一）年に入ると、東京大学の古在由直教授（農芸化学）が独自に調査して、渡良瀬川流域の農業被害の原因は足尾銅山の鉱毒であると証明したが、国と古河鉱業は否定する。それに対して、正造はこう嘆いている。

「鉱毒の如き肉眼に見えず、また顕微鏡にも見えず、分析する他到底凡人の見るあたわざるために、無知の被害民もかつてこの事ありとも知らず、政府の役人どももまたこの無経験問題のかなしさ、（中略）我が国その技師の腐敗収賄、否々収賄を督促してこれを責めてこれを奪い取るの世の中なりとす」（前掲『田中正造文集（一）』）

「鉱毒」を「放射性物質」に置き換えたとき、まさに日本の現状であると実感するのは私だけだろうか？

また、同じ一八九八年の書簡では、次のように書いている。

「人生は一生に一度一大事業に当たれば足れり。但しその他の小事もまた生死天地にまかせて然るべき候。今回の鉱毒の事業たる、いやしくも三十万人民の安危に関し、また国家の基礎に関し候えば、貴下も小生もこの事業を以って死生興廃存亡運命名誉生命の決する処として御遺憾なし。小生もまた堅くこれを信ぜり」（前掲『田中正造文集（一）』）

鉱毒問題が何ら解決しないなかで、一九〇〇（明治三三）年には、約一万二〇〇〇人の農民が群馬県佐貫村の川俣（現・明和《めいわ》町）から渡良瀬川、利根川を船で上り、東京に請願に出かけようとして、警官と衝突した。いわゆる川俣事件である。正造は同年、「亡国に至るを知らざればすなわち亡国の儀につき質問書」を国会に提出する。

「民を殺すは国家を殺すなり、法をないがしろにするは国家をないがしろにするなり、皆自ら国を毀《こぼ》つなり。財用をみだり民を殺し法を乱してしかして亡びざるの国なし、これ

を如何」(小松裕『真の文明は人を殺さず――田中正造の言葉に学ぶ明日の日本』小学館、二〇一一年)

当時の総理大臣・山縣有朋はまたもやこれを無視し、「質問の趣旨がわからない」としか回答しなかった。

現場で農民に学ぶ谷中学

一九〇一(明治三四)年一〇月に衆議院議員を辞した田中正造は一二月一〇日、東京・日比谷で明治天皇に鉱毒被害民の惨状を直訴する。だが、警官に取り押さえられ、直訴は失敗した。日露戦争の開戦を翌年に控えた一九〇三(明治三六)年には、日清戦争が足尾鉱毒事件を引き起こした反省から軍備撤廃と無戦論を訴え、「少しだも　人のいのちに害ありて　少しくらいは良いと言うなよ」(前掲『真の文明は人を殺さず』)と記した。

一九〇四(明治三七)年に日露戦争が始まる。政府は、鉱毒が利根川を通じて東京へ流入するのを防ぐために、渡良瀬川と利根川の境界に位置する谷中村に遊水地(沈殿池)を造る計画を強引に進めていく。古河鉱業と政府が一体となって、農民を雀の涙程度の補償金で、作物の栽培条件が厳しい北海道常呂《ところ》郡のサロマベツ原野(現・佐呂間《さろま》町)に強制的に移住させようとしたのである。

同じ一九〇四年、正造は谷中村に住み着いた。自ら農民の中に入り、農民から信頼を得たうえで、谷中村の現実を広く社会に訴えて廃村を阻止し、農民と農業を守りたいと考えたからだ。当時、六三歳である。

この行動は私に、ゆうきの里東和の大野理事長の言葉を思い出させる。

「原発事故の補償金は一時的なもの。生まれ育ったこの地で農業を続け、生活していくために、みんなでなんでもしていこう」(三三ページ参照)

しかし、正造とともに住んでいた農家一六戸の家屋が一九〇七(明治四〇)年に強制的に破壊された。翌年には河川地域に指定され、農耕が禁止される。それでも、正造と農民は住み続けた。

谷中村の生活をとおして正造は、それまで農民を教育・指導しようとしてきたことの間違いに気づく。貧しくともたくましく生きる農民の力に教えられたのである。彼らから、農業を教えられた。それは、本で学ぶ農業ではなく、現場で体験して学ぶ農業であり、生きることである。正造は、学問は実学であり、現実の社会は大学であると考え、谷中村で農民から学ぶことを「谷中学」と呼んだ。還暦を過ぎてもなお現場で学び、農の人として生きるために前へ進んだ正造は、こんな言葉を残している。

「斃《たお》れて止むまで、またハ老いて朽ちるまで進歩主義(年をとっても毎日毎日を前向きに生き成長すること）にて候」「人権また法律より重シ」「自治住民の自治権は住民より発動すべし」（油井正臣・小松裕編『田中正造文集（二）谷中の思想』岩波文庫、二〇〇五年）。

正造は、目に見えない鉱毒で苦しむ農民から住民自治、人権擁護、戦争反対を学び、老いてますます積極的に行動した。一九〇九（明治四二）年には、こう書いている。

「あなたがた見ていれば政府は悪事をなさず。見るの力は法律より強し。見ざれば法律を私製して悪事に働きてはばかることなし。法律のために人を虐《しいた》げるものにあらず。人のために法律は設けたるものなればなり。法律のために従来安全に生活せしものを、その処を失わしめて乞食浪人となすは、破道破憲の極甚なるものなり。法律の原則は如何」（前掲『田中正造文集（二）』）

二〇一三年一二月、特定秘密保護法が成立した。原発再稼働、ＴＰＰ参加、憲法第九条の改悪も、政治日程にのぼっている。私たち有権者は、老いてなお行動を起こした正造から学ばなければならない。

谷中村村民は一九一一（明治四四）年に、サロマベツ原野に強制的に移住させられた。納得できない農民は谷中村に住み続けたが、渡良瀬川の堤防が破壊され、洪水によって住めなくなる。一九一七（大正六）年に全員が移住して、谷中村は消滅した。

強制移住の翌年、明治天皇が没した。正造は主権在民を貫き、その年の日記に記している。

「町村自治の外、日本を守るものなし、町村の安否は町村民の意見が即ち主権者なり」（前掲『田中正造文集（二）』）

一九一三（大正二）年九月四日、正造は七一歳で渡良瀬川に近い支援者の家（現在の佐野市）で没した。以下は死の七カ月前の言葉である。

「日本死しても天地は死せず、天地共に生きたる言動を以ってせよ。天地と共に久しきに答えよ」（前掲『田中正造文集（二）』）

「農」に生きた田中正造である。

正造の死後しばらくして、日本は侵略戦争への道を歩んでいく。一九三九（昭和一四）～四五（昭和二〇）年、足尾銅山には朝鮮半島から約二四〇〇人が強制連行され、厳しい労働に従事させられた。死者数は不明である。生きのびた人たちは敗戦後、直ちに古河鉱業によって朝鮮半島へ戻され、戦後補償は受けていない。

一九七三年、足尾銅山は閉山した。

谷中学から水俣学、そして福島へ

一九六〇年から二〇一二年六月に亡くなるまで、医者の立場で熊本水俣病の被害者支援の中心であった原田正純《まさずみ》さんは、田中正造の意思を引き継ぎ、二〇〇二年に「水保学」を提唱する。水俣病の教訓を現場で学び、被害者と各分野の専門家が協力して地域の自治を進め、被害者の人権回復を行ってきた。

「水俣学講座は水俣病の知識をたんに与えるだけでなく、水俣病事件というものに、私たちの身の回り、つまり私たちの生きざまとか研究のありかた、社会のありようなど、いろいろな分野を水俣事件に当てはめてみる。そこに映し出してみるということが、私は水俣学の目的と考えます」

「それに直接かかわった方々にきていただいて、その生の声を聞きながら自分たちのいろいろな問題を映し出してみるということを目指しています」

「それからもうひとつ、水俣病四〇年のなかで私たちが考えてきたことは、専門家とはいったい何だったのだろうかということです。水俣病事件というのは、人類が初めて経験してきたことです。きわめて社会的、政治的な事件であるにもかかわらず医学が独占してしまって、医学の領域から出ようとしなかった。そのことが、いろいろな問題を将来に残してしまった。ですから水俣学というのは、学閥や分野を超えたものでなければならないと考えています。そのなかの最たるものが『専門家と素人』という壁なのですが、それをなんとか取り払ってみたいと思います。水俣病というのは人類が初めて遭遇したものですから前例はないし、教科書もない。『教科書は君たちが作っていくのだ』ということを、永年やっているうちに考えるようになったわけです」（原田正純『水俣学講義』日本評論社、二〇〇四年）

福島で人類が初めて遭遇した、里山（森林）から川、田畑、海に及ぶ放射能汚染は、専門家と素人の壁を乗り越えて解決していかなければならない。私たち研究者は学閥や分野を超えた「知の統合」として詳細に調べ、記録し、一つ一つ課題を解決していく。それは子孫への義務である。

現場で一生に一度立ち向かわねばならないほどの大きな課題が、いま目の前にある。

3　水俣病の教訓

化学肥料と爆薬は同根

足尾銅山の銅精錬の副産物を利用して、日本最初の登録農薬である砒酸鉛が、古河鉱業の子会社・古河電気工業農業薬品製造所で一九〇〇（明治三三）年に製造された。その後、古河電気工業は日本最初の農薬メーカー・日本農薬となる。

一九一三（大正二）年に、ドイツでフリッツ・ハーバーとカール・ボッシュによって、大気中の窒素ガスからアンモニアを合成するハーバー・ボッシュ法が発明された。アンモニアから化学肥料(硫酸アンモニウムや硝酸アンモニウムなど)を合成し、農地に施肥すれば、食料の増産ができる。同時に、爆薬の原料である硝酸も製造できる。ドイツの皇帝ヴィルヘルム二世は、この大発明によって第一次世界大戦を始めたとまで言われる。

日本も同様である。食糧増産のための化学肥料と爆薬の製造が結びついて、農村を犠牲にした戦争へと突っ走っていく。化学肥料は最初から、農家のために作られたわけではない。そして、周知のとおり、農地に投入された窒素やリンなどの化学肥料は地下水に浸透したり農地から流れ出して、河川と湖沼を汚染していった。

熊本県水俣村に一九〇八(明治四一)年、日本窒素肥料(熊本水俣病事件の加害企業、一九六五年にチッソに改称)が設立される。最初はカーバイド(炭化カルシウム、石灰と石炭を蒸し焼きしたコークスを燃焼して製造)を原料として、硫酸アンモニウムを製造していた。その後、日本でも空中窒素を固定化してアンモニアを合成する研究が国家プロジェクトとして行われる。

この事業に積極的だったのが、日本窒素肥料と昭和電工(一三五ページ参照)だ。両社ともに、国策の名のもとに食料増産を目的とした化学肥料を農村で販売し、侵略戦争を推し進めるために爆薬の原料である硝酸を生産して、莫大な利益を上げた。

図20　塩化ビニール・アセトアルデヒドの製造とメチル水銀の発生

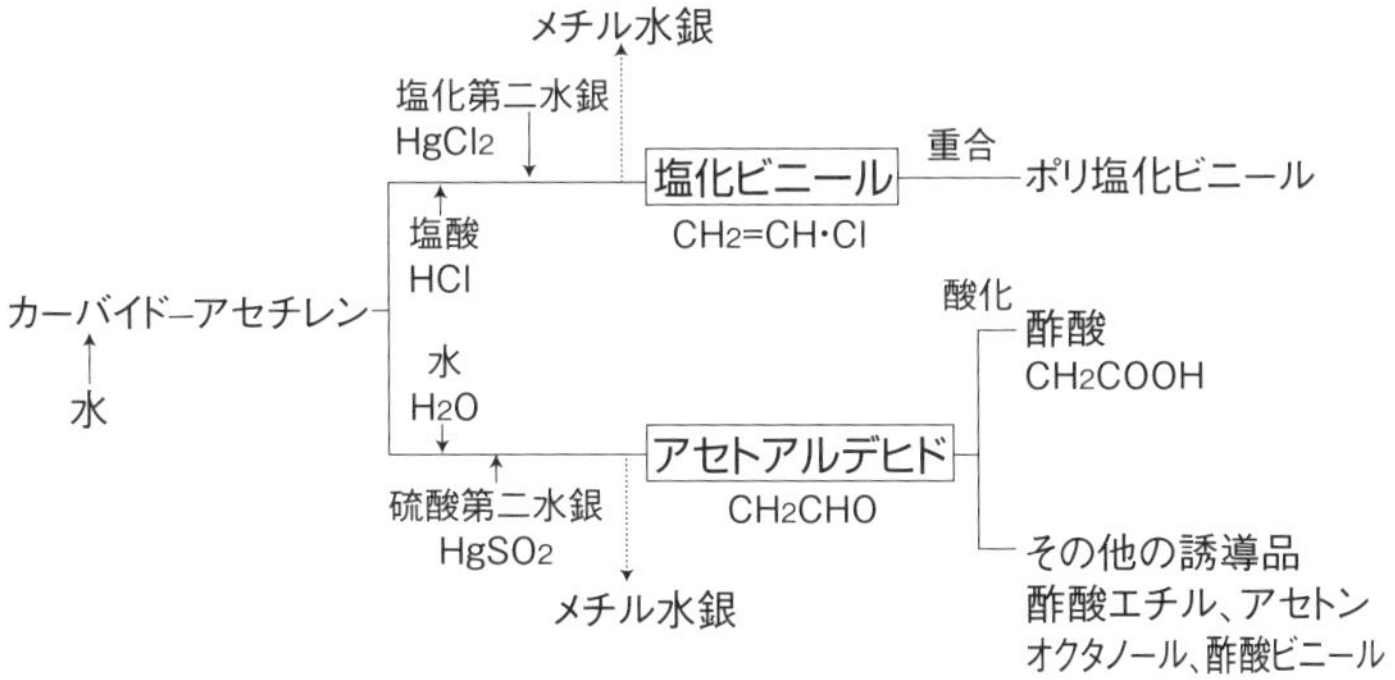

（出典）新潟県福祉保健部生活衛生課編集『新潟水俣病のあらまし』2013年。

水俣病の発生と隠蔽の構造

日本窒素肥料は一九四一（昭和一六）年に日本で初めて、カーバイドから塩化ビニール（燃やすとダイオキシンを発生）の製造に成功する。敗戦でいったんは解体されたが、早くも一九四六年からカーバイドを原料としてアセトアルデヒドの生産を始める。その過程で発生するメチル水銀を水俣湾へ大量に流し続け（図20）、魚に蓄積していった。メチル水銀が体内に入ると、一部が脳に移行して中枢神経に蓄積し、手足のしびれや感覚障害を起こす。こうして、水俣湾の魚を食べた人たちに水俣病が発生していく。

昭和電工は一九三六（昭和一一）年から六五年までカーバイドを原料としてアセトアルデヒドを生産し、メチル水銀を阿賀野川に流し続けた。

一九五六年五月に熊本県で水俣病の患者が発見され、一九六三年にその原因が日本窒素肥料水俣工場か

新潟水俣病の患者発生当時の昭和電工鹿瀬工場。右側の煙突のある建物がメチル水銀を発生させたプラント(提供：水俣病共闘会議)

新潟水俣病の患者が発見されるとプラントを撤去し、証拠を隠滅した

ら排出されたメチル水銀であることが判明する。二年後の一九六五年六月には、第二水俣病と言われる新潟水俣病の患者が発見された。最初の水俣病患者が発見されて以降に国が対策をとっていれば、新潟水俣病は発生しなかったはずだ。

昭和電工はそれ以前の一九六五年一月、極秘裏にメチル水銀を発生させていたプラントの操業を止めて、プラント施設を解体。操業記録を処分し、証拠を隠滅した。

一九六七年に、新潟水俣病の被害者が国と昭和電工を相手に新潟水俣病第一次訴訟（原告：三世帯、一三人）を起こし、六九年の熊本水俣病第一次訴訟（原告：二八世帯、一一二人）へと続いた。

新潟水俣病第一次訴訟では一九七一年、被害者（原告）が勝訴した。すると昭和電工の研究者が、日本化学会に「問題のプラントは、科学的なデータからメチル水銀を発生していなかった」という主旨の学術論文を提出して受理される。学会の権威で被害者を押さえつけようとしたのである。

相次ぐ訴訟

加害者である企業の補償金による負担が増すなかで、加害企業を救済するために国の水俣病診断基準が厳しくなっていく。その結果、多くの被害者が水俣病と認定されなくなった。そのため、水俣病の認定と補償、国や行政の責任を求めて、訴訟が相次いだ。

熊本県――一九七三年、第二次訴訟(原告：一四一人)

一九八〇～八五年、第三次訴訟(原告：合計一三六八人)

新潟県――一九八二年、第二次訴訟(原告：二三四人)

訴訟開始から長期間の裁判が続き、被害者が高齢化して早期救済が望まれるなか、一九九六年に弁護団は、「苦渋の選択」を行い、国・加害企業と和解の道を選んだ。

一方で熊本水俣病関西訴訟団(関西で暮らす被害者が起こした訴訟)は、国と熊本県の責任を問うために訴訟を継続する。そして、二〇〇四年の最高裁判決は、国と熊本県の責任を認めた。それまでの水俣病診断基準を批判して、指先や手足などの部位の複合感覚障害があればメチル水銀中毒、すなわち水俣病と認定するという内容の判決である。

その後も、メチル水銀中毒の症状がある被害者が次々と、水俣病の認定を求めて訴訟を起こしている。それは、水俣病事件の支援者と医師が共同で被害地域の住民や子どものころを被害地で過ごした人たちの健康診断を行い、患者を見つけてきたからである。

最初の患者発生から半世紀以上が経過した現在も、多くの被害者が水俣病と認定されず、救済から取り残されている。メチル水銀中毒の症状があっても、子どもや孫の代までの差別を恐れて名乗り出られない被害者も少なくない。

踏みにじられた水俣病特措法

二〇〇九年七月、水俣病特措法（正式名称は水俣病被害者の救済及び水俣病問題の解決に関する特別措置法）が制定された。その前文と第三条を紹介しよう。

「平成一六年のいわゆる関西訴訟最高裁判所判決において、国及び熊本県が長期間にわたって適切な対応をなすことができず、水俣病の被害の拡大を防止できなかったことについて責任を認められたところであり、政府としてその責任を認め、おわびをしなければならない」（前文）

「この法律による救済及び水俣病問題の解決は、継続補償受給者等に対する補償が確実に行われること、救済を受けるべき人々があたう限りすべて救済されること及び関係事業者が救済に係る費用の負担について責任を果たすとともに地域経済に貢献することを確保することを旨として行われなければならない」（第三条）

これらを読むと、水俣病特措法は二〇〇四年の関西訴訟最高裁判決に従い、被害者の全員救済を目指していると理解できる。事実、二〇一一年三月には、新潟水俣病第三次訴訟を除く原告と国・加害企業との和解が成立した。

ところが、国は二〇一二年七月、水俣病特措法に基づく救済策の申請を打ち切り、水俣病問題を一方的に終息させようとした。これが実行されると、二〇一二年以降は潜在的な水俣病被害者が救済されない。そのため二〇一三年一二月に、新潟水俣病未認定患者が損害賠償を求めて新たな訴訟を起こした。

二〇一三年一二月現在、水俣病特措法による救済を申請した被害者は約六万五〇〇〇人である。このなかには、いままで認定を申請したが却下された患者と、水俣病の支援者と医師によって新たに見つかった患者が含まれる。しかし、今回申請できなかった潜在的な水俣病患者の数はわからない。水俣湾沿岸と阿賀野川流域で生活していた人たち全員の健康診断が終わっていないからである。

水俣病（熊本県・鹿児島県）の認定申請件数一万八二八二人に対して認定者二二七五人（二〇一三年一〇月現在）、新潟水俣病の認定申請件数二四四二人に対して認定者七〇二人（二〇一三年一二月現在）である。水俣病問題は、まだまだ終わっていない。

『〝負の遺産〟から学ぶ〜坂本しのぶさんと語る〜（水俣学ブックレット（2））』（原田正純、熊本日日新聞社、二〇〇六年）で、原田さんは胎児性水俣病患者の坂本しのぶさんと対談している。

「坂本さん『もう五〇年たったというのは悲しか』

原田さん『水俣病は終わっていないね』」

足尾鉱毒事件と同様に、時代は変わっても、被害者の意志に関係なく国の都合で公害事件を無理に終わらせようとする姿勢は変わらない。野田佳彦前首相は二〇一一年一二月に「原発事故収束」を宣言した。だが、原発事故の被害者は置き去りにされたままである。

しかも、チッソも昭和電工も、裁判で企業の刑事責任は問われていない。水俣病問題と福島原発事故問題は、構造的につながっている。

語り部の証言と学生の反応

私は新潟大学に赴任してから約三〇年間、新潟水俣病被害者の支援を行ってきた。直接のきっかけは、第二次新潟水俣病訴訟弁護団長をしていた坂東克彦さんの事務所で開かれていた環境問題懇話会に参加したことだ。この懇話会の主催者は、自宅医院に研究所を開設して阿賀野川流域のメチル水銀の動きを生物濃縮の観点から調べていた河辺広男《かわべひろお》さんである。裁判だけでなく、社会科学や自然科学、環境問題も議論され、私も講師を数回務めた。

一九九六年に新潟水俣病第二次訴訟の和解が成立するまでは、新潟水俣病共闘会議のメンバーとして原告を応援し、勝訴に導くために問題を広く知らせる運動を行ってきた。一九九四年からは農学部の講義で、新潟水俣病事件を解説してきた。一九九六年以降は、第二次訴訟の原告である「新潟水俣病被害者の会」の小武節子《こたけせつこ》さんと近四喜男《ちかしきお》さんにお願いして、生の声を学生に伝えている。お二人は、新潟水俣病の教訓を伝えるために被害者がボランティアで小学校から大学までの授業や講義で自らの経験を語る、「語り部」だ。

阿賀野川流域で暮らしていた小武節子さんの話を『新潟水俣病のあらまし』（新潟県福祉保健部生活衛生課編集）から要約して紹介しよう。

節子さんは一九三六（昭和一一）年に、阿賀野川河口の新潟市江口集落で生まれた。

「阿賀野川は魚がたくさんいて、漁も盛んで、小さいころからたくさん食べました。川はいつも澄んでいて米をといだり洗濯したりと生活そのもので、命の川でした」

「昭和三一年に結婚して、江口から少し下流の津島屋に住みました。昭和三四年に長男を出産してからは、栄養をつけて母乳がよく出るようにと、とにかく魚を毎日のように食べていました」

「昭和四〇年に水俣病が公表され、大変心配になり、自分でもおかしいと思う症状が出始めました。手足がしびれ、頭痛や立ちくらみが起こり、農作業のときもカマを持つ感覚がなくなりました。家では、余った魚をあげていた飼い犬が狂い死にしました」

「三〇歳ぐらいで、手の節々が伸びずに少しずつ変形してきました。昭和四八年ごろになると、体の痛みはいっそう強くなり、とうとう我慢できなくなり、医者に行くと水俣病と診断され、認定申請をしました」

「認定申請する人たちは、補償金欲しさに水俣病患者の振りをしていると冷たい見方をされ、大学病院に認定のために検査に行く時はよその家の垣根やひさしに隠れてバスを待ちました。大学病院では朝一番に行っても後回しにされ、結果は棄却でした」

「今度は、主人に同じ症状が出てきました。私は検査を勧めましたが、会社にわかったらクビになると足が遠のいていくのでした。ある晩、水俣病の専門の先生が来られ、主人が私より自覚症状が強いことが判りました。主人は自暴自棄になり、毎日酒におぼれ、仕事も休みがちになりました。夫婦の会話も悪気のない一言ですぐ喧嘩になり、暴力をふるうようになりました。やさしい人でしたが、水俣病が人を変えてしまいました。私自身の体調もままならない中、まさに地獄のような毎日が続き、楽になりたいあまり、自殺まで考えました。でも、『自分の苦しみを子どもたちにまで向けてはならない』と言い聞かせました」

「昭和五七年に裁判を起こすことになり、東京へ月に四～五回は出向き、昭和電工交渉、環境庁交渉、街頭でのビラ配りなどの運動を展開しました。運動など縁遠かったのですが、盛岡で開かれた日本母親大会で全国の頑張るお母さんたちの姿を見て勇気づけられ、それまでにない自分を発見でき、自信を持てるようになりました」

「夏など冷房の効いた部屋があると、腕の上の方までびりびりして眠れず、明け方には足がこむら返りを起こし、ひどく痛みます」

「八歳の時、戦争で父を亡くした私は、母と二人で苦しい思いをしながらも一生懸命働いて妹や弟、祖母を養ってきました。そして、夫とめぐり合い三人の子どもに恵まれて、これからという時に、水俣病によって一転して家族の幸せを奪われてしまいました。治らない体や癒されない心の苦しみは、私たちだけでもうたくさんです」

「後世の人たちが同じ経験を二度と繰り返さないためにも、今の若い世代に私たち被害者の経験を知ってもらい自然環境を守っていくことの重要さをわかってほしい」

小武さんが話した後、学生たちにレポートを提出させる。その一部を紹介したい。

「私は新潟市の阿賀野川の近くの豊栄《とよさか》に住んでいます。小武さんの話を聞いて、家に帰り、おばあちゃんにその話をしました。すると、おばあちゃんは自分も水俣病認定患者だと初めて話してくれました。おばあちゃんは、自分が水俣病患者とわかるとお前が嫁に行けなくなると思って内緒にしていたと言いました」

「自分は新潟県外出身者です。新潟水俣病は四大公害として習うが、いまでもこのように苦しんでいる人がいるという実態をまったく知らなかった」

事実は現場にしかない

水俣病と今回の原発事故の教訓は、いずれもこれから長く、子どもたちに正確に伝えな

ければならない

二〇〇二年三月、小武さんはタイのバンコクで開催された「水俣病事件の教訓を海外に伝える普及啓発セミナー」で、世界に向けてその教訓をアピールした。

一四八ページで紹介した原田正純さんとは、水俣学を通じて二〇〇四年ごろから親しくお話しできるようになった。二〇〇九年に新潟でお会いしたとき、「これは私の遺言書です」と言われていただいた本『マイネカルテ――原田正純聞書』（石黒雅史著、西日本新聞社、二〇一〇年）の最後の言葉を引用する。そこには田中正造の思想と生き方がある。

「水俣の教訓を残してゆくために、忘れてはならない視点がある。

第一は、弱者の立場で考えることだ。政策や研究とは、そもそも弱者の立場を基本にすべきである。

第二は、バリアフリーだ。素人を寄せ付けない専門家の壁、研究者同士の確執、行政間の壁などが、患者救済や病像研究をどれだけ阻害してきたか、私は目の当たりにしてきた。

第三は、現場に学ぶということだ。事実は現場にしかないのである」

私が福島に行くとき、原田さんのサインがあるこの本がいつもカバンに入っている。

第4章　科学者の責任と倫理

現場を重視しない研究者

二〇一一年四月に、原田正純さんが電話でおっしゃった内容が、いまも忘れられない。

「今回の原発事故の対応には水俣の教訓が活かされていないね、専門家とは誰なのか？一握りの専門家や学会関係者の言葉しか伝わってこない。原発には賛否両論があるのに、公平に議論されていないね」

私は二〇一三年五月、「福島の農業再生を支える放射性物質対策研究シンポジウム」（主催：独立行政法人農業・食品産業技術総合研究機構）にパネリストとして参加した。その際、国や福島県の報告は、農家の圃場を調べずに、ポット試験（試験用ポットを用いたモデル試験）による放射性セシウムの移動結果だけであった。現場の話がまったくないのだ。

私はゆうきの里東和の調査結果を話し、その後に後藤逸男・東京農業大学教授が、農家の現場における調査研究の大切さを強調した。後藤教授は、農家の圃場に蓄積した放射能セシウムのゼオライトによる吸着について、調査研究を続けてきた土壌学研究者である。

また、「農地における放射性物質の動態解明」と題する農業環境技術研究所の研究者の講演では、チェルノブイリ原発事故に関する研究論文が紹介されていた。この時点で、福島第一原発の事故から二年二カ月が経過している。国の研究機関で多くの調査研究結果があるはずなのに、「なぜチェルノブイリなのか」と疑問に思っていると、パネリストの飯舘村の菅野典雄村長が力強く発言した。

「今回の原発事故ではチェルノブイリの知見はもういらない、日本で何が起きたか、詳細な調査をもとに公開することが大切である」

ところが、たとえば二〇一一年八月に開催された日本土壌肥料学会二〇一一年度つくば大会の土壌の放射能汚染に関する会議は、特定の関係者のみの参加で、非公開とされた。国や福島県が行う放射能調査・試験研究に関わっている研究者によると、三年が経過したいまでも、それらの結果については国・福島県との調整が必要で、発表するかどうかも含めて、結論が出るまでに長時間を要すると言う。しかも、結果の公開が制限される場合もあると言う。だから、先のシンポジウムでチェルノブイリの話題しか出てこないのだ。

私たちはこれまで、民間企業の助成金によって地元住民との協働で調査研究を行い、全データを公開し、他の地域にも積極的に知らせてきた。それは、過去の公害事件でわかるように、多くの人たちとの情報の共有によって新たな被害が防げるからである。

被害者の側に立たない行政

二〇一四年一月、福島有機ネットと「がんばろう福島、農業者等の会」は、農地の除染に使われている塩化カリウムに関して、福島県と農水省に要望書を提出した。塩化カリウムは、放射能の吸収抑制に関する効果はあるものの、反面、微生物を減少させ、タンパク質含量の増加によって食味を低下させることが指摘されている。そこで、農家の希望によって天然系カリウムも使えるようにしてほしいという内容である。

菅野正寿さんによると、農水省は福島県が水田土壌中の交換性カリウム含量を測定するための予算をつけているが、福島県は二〇一四年度の作付けまでに測定が間に合わないので、塩化カリウムを一律施用するように指導していると言う。福島県は、被害者である農家に寄り添って調査し、判断してほしい。

過去の公害事件の発生から裁判に至るまでの過程を見ていると、国や県は被害者の味方ではなく、示談によって早期解決を図ろうとする企業の味方であった。また、後述する新潟水俣病事件のように、研究者が企業の味方となって農薬原因説を唱え、真実が曲げられたケースも存在する。弱者である被害者は自ら立ち上がり、裁判で事実関係を解明してきた。それは今回の原発事故でもまったく変わらない。

新潟水俣病第二次訴訟の原告は一九九六年、和解金の一部をプールして新潟水俣環境賞（環境保全活動を行っている団体・個人に対する環境賞と作文コンクール）を設けた（現在は作文コンクールのみ）。被害者自らがこの賞を設けたのは、二度と同じ過ちを繰り返してほしくない、すべての日本人が安全で安心な生活が送れるようになってほしいという思いからである。私はその審査委員長を一九九八年から務めている。作文コンクール第五回（二〇〇四年）の最優秀賞作品（小学校六年生）の一部を紹介したい。

「私たちが学習していた本には、こんなことが書かれていました。おなかに赤ちゃんがいる時に水保病にかかると、赤ちゃんまで命を落としてしまうこと。（中略）水俣病は、人の命だけでなく、人の夢までうばってしまいました」

新潟水俣病が発生していた当時、新潟県の資料によると、阿賀野川流域では、汚染状況をよく調べずに、行政の都合で子どもを産むことまで制限されたという。この作文は、その問題を指摘している。

熊本水俣病・新潟水俣病、そして福島原発事故は、多くの人たちの夢を奪った。改めて、水俣病事件の教訓をまとめておこう。

①国は被害者の味方とはならない。県は被害者の説得役を務める。

②偽りの「科学性」という欺瞞によって、真実が曲げられる。

③「疑わしきは罰せず」によって、科学的に因果関係が証明されるまで、政府は加害者の企業の活動を規制しない。

④被害者に対しては「疑わしきは認めず」という姿勢に終始し、人命を軽視する。

同じことが福島原発事故でも起きている。水俣病事件の教訓は、まったく活かされていない。

科学者の倫理的責任

新潟水俣病事件では、横浜国立大学工学部の北川徹三教授が、昭和電工によるメチル水銀が原因であるという説を否定して、おおむね次のように主張した。

「一九六四年六月の新潟地震で新潟港の農薬倉庫が壊れ、そこから流れ出した農薬が信濃川から通船川《つうせん》（信濃川と阿賀野川をつなぐ人工河川）を逆流して阿賀野川に流入し、阿賀野川河口で魚を食べた人がメチル水銀中毒を起こした」

これによって国と新潟県の対策が遅れ、患者を増加させた。その後の裁判によって、信濃川から逆流した水が達しない地域でもメチル水銀中毒患者が多数発生していたことが実証され、この農薬説は否定される。後日、北川教授は現地調査を行わずに発言したことも明らかになった。

また、残念ながら、水俣病に対して偏見をもつ医者がいたことも事実である。一九七三年には新潟大学医学部が患者の認定基準を厳しくした。「不治の病の水俣病より、頸椎症《けいつい》のように治る病気であると言ってあげたほうが本人に幸せ」と発言する医者もいたほどだ。

福島原発事故でも、同じことが起きている。たとえば、山下俊一・前福島県立医科大学副学長は、こう述べたという。

「(子どもたちに)小さながんも見つかるだろうが、甲状腺がんは通常でも一定の頻度で発症する。結論の方向性が出るのは一〇年以上後になる。県民と我々が対立関係になってはいけない。日本という国が崩壊しないよう導きたい。チェルノブイリ事故後、ウクライナでは健康影響を巡る訴訟が多発し、補償費用が国家予算を圧迫した。そうなった時の最終的な被害者は国民だ」(『毎日新聞』二〇一二年八月二六日)

この発言は、「経済優先」の考え方によって被害者を置き去りにしてきたこれまでの公害問題への対応と何ら変わらない。

いま問われているのは日本人の倫理、とくに被害者に寄り添う科学者の倫理である。現実を直視して、詳細に調べ、それに立ち向かう科学者の姿勢である。

また、二〇一二年七月二〇日の『毎日新聞』によると、独立行政法人・放射線医学総合研究所が福島県民向けに、二〇一一年に生活していた場所で受けた被曝線量をインターネットを通じて推定できるシステムを開発した。ところが、福島県は「一年以上経過して、落ち着いたのに、いまさら不安を煽る」という理由で導入を見送ったという。

原発事故の直後から、現地で詳細な調査を行わず、経済性を優先し、被害者の気持ちを無視して、「安全」「大丈夫」と言う科学者の発言が多くみられた。それは政治的発言と言われても仕方ない。また、原発を否定している研究者にも、現地調査を行わずに発言する人たちがいた。これは、科学の衰退を意味する。現地調査を行い、情報をすべて公開し、多くの科学者が被害者に寄り添いながら正確な議論をしてこそ、科学は発展する。

過去の公害事件では、因果関係が明らかになったときはすでに手遅れで、多くの被害者を生み出してきた。原田さんのように、被害者が出たらすぐに現地で詳細な調査を行い、被害者に寄り添い、解決に向けて進むことが、科学者の責任である。

現場で農と言える人たちを育てる

農地と農作物についても、現地調査が不足している。福島県の地形は複雑で、放射能汚染の程度も大きく異なる。にもかかわらず、詳細な調査を行わず、県の試験場の栽培試験による限られた情報をもとに、福島県知事は二〇一一年一〇月一二日、米の安全宣言を早々と出した。その後、福島市大波地区の独自検査で当時の暫定規制値一kgあたり五〇〇ベクレルを超える玄米が見つかり、福島県の農産物の信頼は一気に失われたのだ。

本来であれば、チェルノブイリとの地形や農作物や水利用などの違いを明らかにしたうえで、異なる自然条件で営まれる農業の複雑性を考慮した詳細な調査が必要であった。具体的には、地形（平地・里山・扇状地など）、土の性質（砂・粘土・腐植含量）、有機物利用の違い、気候（温度、湿度）、水の利用（山の水、川の水）などである。

なぜ、その視点が欠けていたのか。それは、現在の農学研究が細分化して、多くの研究者が「木を見て、森を見ない」からである。彼らは農業の多様性を理解していない。だから、現場で詳細な調査が行われず、風評被害が拡大し、多くの情報が隠され、国民の不安を助長していった。風評被害を払拭するためには、研究者が現場で農家とともに、正確な情報を発信し続けるしかない。

ゆうきの里東和の里山里生・災害復興プログラムと調査研究では、里山（森林）・農地・河川・食べ物まで含めて、農家との協働作業によって、農家の自立と地域づくりを目指している。その実現には、本来の農学である総合農学の観点が不可欠である。それを実践するのが農と言える研究者であり、真の農学者であり、教育者である。

この調査研究をとおして、私たちは現場で多くのことを農家から学んでいる。これが本来の農学研究・教育である。それは、田中正造の谷中学と同じだ。「農と言える」人たちを地域や大学で育て、福島の農業の復興を日本の農業の振興と農学の復権に結びつけなければならない。

おわりに

二〇一一年三月一一日の午後、私は新潟市で会議に出席していた。地震で会議は中止となり、いまから考えると危険な海岸沿いの道路をラジオを聴きながら車で走り、自宅へ急いだ。家に着くと、中学三年の娘が心配そうにテレビを見ていた。なかば放心状態で……。

その晩は、高校二年の次男や妻とテレビに釘付けだった。翌日、福島第一原発が爆発する。私だけではなく多くの日本人が、今後の日本はどうなるのだろうと感じたであろう。

東京で大学生活を送っている長男は、電話口で怒っていた。

「日本がこれだけ大変な状態なのに、夜中コンビニで漫画を立ち読みしている人がいる」

当時、多くの日本人が同じように思っていたと信じたい。彼はその後、何度もボランテアで東北を訪問している。

私の亡き父は第二次世界大戦中、衛生兵としてシベリアに抑留され、多くの日本兵の死を見てきたという。生前いつも、こう話していた。

「天皇陛下バンザイなんて言って死ぬ人はいない、家族やお母さんのことを思い、言葉にして死んでいった」

東日本大震災で亡くなった人たちの思いを後世に「絆《つな》げ」るのが、生き残った私たちの大切な役割である。私たちは忘れない。少なくとも明治時代以降、戦争と広島・長崎の原子爆弾、そして多くの災害や公害で亡くなった人たち、健康に被害を受けた人たちの思いを「絆げ」て生きていることを。

だからこそ、「経済優先」などと言って、安易に原発の再稼働や輸出をしてほしくない。ところが、最近の政府の姿勢は、東日本大震災と福島第一原発の大事故は過去の出来事だと言わんばかりである。

二〇一一年五月以来、二五〇回以上福島の地を踏んできた。原発事故によって福島の農地と農業に何が起きたかを調査研究して、農業の復興と振興を「絆げ」なければならないと考えたからである。同時に、記録としても残さなければならない、その際は過去の公害事件も含めて被害者の思いを伝えようと意識していた。そして、本書執筆の直接のきっかけは、二〇一三年九月に浪江町請戸と南相馬市小高区を訪問した帰りのバスの中で、コモンズの大江正章さんから勧められたことである。

原稿をほぼ書き上げた二〇一四年一月二七日、小高区を福島大学の石井秀樹特任准教授と訪問し、本書に登場する根本洸一さんはじめ三人の農家と懇談した。皆さん、数年先までを見つめた農業の復興を考え、今年は稲も大豆も野菜も作りたいと言う。周辺の空間線量率は毎時〇・二〜〇・四シーベルトと高くはないが、福島第一原発から二〇㎞圏内であるため、現在は居住できない。また、根本さんが作る野菜に含まれる放射性セシウムは検出限界値（一kgあたり五ベクレル）以下である。しかし、風評被害で売れない。

小高区に根本さん一家が一日でも早く戻り、農業を本格的に再開するためには、放射性物質を封じ込め、福島第一原発と第二原発を必ず廃炉にしなければならない。さらに、根本さんたちが原発事故以前に利用していた農業用ダム（浪江町の大柿ダム）の水質と周囲の汚染状況を調べなければならない。私たち研究者の課題は、まだまだたくさんある。

今回紹介した農家以外にも、私は多くの農と言える人たちと出会い、学んでいる。本書を書く過程で、そうした農家と、私の思想と行動に影響を与えた明治大学時代の故・島根茂雄先生、故・江川友治先生、東京大学時代の和田秀徳先生、高井康雄先生の多くの言葉を思い出した。そこには、戦争体験を踏まえた不戦の誓い、敗戦後に多様な農の現場を見聞きしながら、農学研究を農業復興に「絆げ」よう、農業現場と農家を大切にしよう、というメッセージが常にあった。

いま、私はこの教えを「絆げ」ようと思っている。先生方に日常的に接することができたことは、非常に幸せであった。とくに、大変お世話になった故・江川先生に、この場を借りてお礼したい。

また、本書の執筆を勧めていただき、多くのアドバイスをいただいた大江さんに、感謝したい。

なお、前新潟大学RI総合センター長内藤眞教授と後藤淳助教には、とくに感謝する。また、第2章は新潟大学の原田直樹准教授、吉川夏樹准教授、村上拓彦准教授、藤村忍准教授、自然科学研究科大学院生の宮津進さん、小笠真理恵さん、小原ひとみさん、宮本昇平さん、吉沢涼太さん、本島彩香さん、農学部学生の五十嵐和輝さん、片桐優亮さん、荘司亮介さん、土田信寛さん、鹿島英さん、平野尭将さんたちの地道な調査研究の成果である。本書に引用させていただいたことに感謝する。さらに、第2章の成果は三井物産環境基金と新潟大学学長裁量特別経費（東日本大震災）によるところが大きい。ここに記して、お礼する。

そして、この三年間、出逢った多くの人たちにも感謝する。最後に、母と妻に感謝の言葉を送りたい。

二〇一四年一月二九日

ゆうきの里東和の野菜を利用している福島県安達太良山のふもと岳温泉　喜ら里にて

野中　昌法

【参考資料】

はじめに

佐瀬与次右衛門『日本農書全集19会津農書』農山漁村文化協会、一九八二年。

庄司吉之助「徳川時代に於ける東北農業の諸問題」『商学論集』一九四三年八月号（農山漁村文化協会、ルーラル電子図書）。

英伸三『偏東風（ヤマセ）に吹かれた村――英伸三写真記録』家の光協会、一九八三年。

「教育ルネサンスNo.１８５５農業を強くする１」『読売新聞』二〇一三年一二月七日。

第1章

川瀬金次郎・小林宇五郎ほか『環境と放射能――汚染の実態と問題点』東海大学出版会、一九七一年。

長谷川浩・菅野正寿「有機農業が創る持続可能な時代」菅野正寿・長谷川浩編著『放射能に克つ農の営み――ふくしまから希望の未来へ』コモンズ、二〇一二年。

「までい」特別編成チーム企画編集『までいの力』SAGA DESIGN SEEDS、二〇一一年。

横山栄造「放射性降下物の土壌―植物系における汚染とその除染に関する研究」博士学位論文（東京農業大学、一九八二年）。

第2章

佐々木長生・村川友彦・本田良弥『日本農書全集37勧農記　田家すきはひ袋　耕作稼穡八景』農山漁村文化協会、一九九八年。

野中昌法「農の営みで放射能に克つ」前掲『放射能に克つ農の営み』。

野中昌法「里山森林から農地までの汚染実態と低減対策――福島農家と研究者の共同の戦い」本間慎・畑明郎編『福島原発事故の放射能汚染――問題分析と政策提言』世界思想社、二〇一二年。

野中昌法「原発事故からの農業再生、原発は農業と共存できない、原発のない社会を目指して」『共生社会システム研究Vol.７』農林統計協会、二〇一三年。

山田まさる『統合知——〃ややこしい問題〃を解決するためのコミュニケーション』講談社、二〇一二年。

有田博之・橋本禅ほか「放射性セシウム除染と戦略的農地資源保全」『農業農村工学会論文集№２８２』農業農村工学会、二〇一二年。

小松崎将一・野中昌法ほか「福島および茨城における耕起・不耕起による放射能汚染の土層分布の変化」『日本農作業学会第47回講演会』日本農作業学会、二〇一二年。

野中昌法「放射能汚染の実態と対象—調査から見えてきたこと—」『第12回日本有機農業学会大会資料集』二〇一一年。

野中昌法・原田直樹・小松崎将一「二本松東和地域の里山・水田の放射能汚染の実態と取り組み」『第12回日本有機農業学会大会資料集』二〇一二年。

野中昌法・原田直樹ほか「原発事故から一年一〇ヵ月、ゆうきの里東和ふるさとづくり協議会との協働の復興・研究活動を振り返る・問われる科学者の姿勢！」『第13回日本有機農業学会大会資料集』二〇一三年。

原田直樹・宮本昇平・野中昌法「福島第一原発事故による里山—農地生態系の放射性セシウム汚染～福島県二本松市における水田土壌及び水稲の放射能濃度～」『第49回アイソトープ・放射線研究発表会』二〇一二年。

原田直樹・野中昌法「福島第一原発事故後の新潟県内水田における土壌中放射性セシウムの垂直及び水平分布」『第49回アイソトープ・放射線研究発表会』二〇一二年。

Harada.N, M.Nonaka, “Soil radiocesium distribution in rice fields disturbed by farming process after the Fukushima Dai-ichi Nuclear Power Plant Accident”, *Science of the Total Environment*, Vol.438, PP. 242-247, 2012.

Nobuhiro Kaneko, Yao Huang, Taizo Nakamori, Yoichiro Tanaka, Masanori Nonaka, “Radio-cesium accumulation during decomposition of leaf litter in a deciduous forest after the Fukushima NPP accident", *EGU General Assembly* 2013, held 7-12 April, 2013 in Vienna Austria, id., EGU 2013-7809.

Natsuki Yoshikawa, Hitomi Obara, Marie Ogasa, Susumu Miyazu, Naoki Harada, Masanori Nonaka, "Radiocesium, Fukushima Daiichi Nuclear Power Plant, River water, Irrigation water, Soil, Sequential extraction procedure", *Science of the Total Environment.*

第3章

荒畑寒村『谷中村滅亡史』岩波書店、一九九九年。

荒畑寒村ほか『季刊田中正造研究2土から生まれた思想家』伝統と現代社、一九七六年。

石黒雅史『マイネカルテ――原田正純聞書』西日本新聞社、二〇一〇年。

小松裕『真の文明は人を殺さず』小学館、二〇一一年。

東海林吉郎・布川了編/解説『足尾鉱毒亡国の惨状――被害農民と知識人の証言』伝統と現代社、一九七七年。

新潟県福祉保健部生活衛生課編集『新潟水俣病のあらまし』新潟県、二〇一三年。

野中昌法「教訓は生かされたか?――新潟水俣病事件から現代の環境問題を考える」朴恵淑編『四日市学講義』風媒社、二〇〇七年。

林竹二『田中正造の生涯』講談社、一九七六年。

原田正純編著『水俣学講義』日本評論社、二〇〇四年。

原田正純『〝負の遺産〟から学ぶ~坂本しのぶさんと語る~(水俣学ブックレット(2))』熊本日日新聞社、二〇〇六年。

油井正臣・小松裕編『田中正造文集(一)(二)』岩波書店、二〇〇四年、二〇〇五年。

そのほか筆者の文章

「農家に知って欲しい放射能汚染の話、そして何ができるか?」『JA教育文化』二〇一一年七月号。

「放射能汚染、今考えたいこと、私たちにできること」『「旬」がまるごと』二〇一一年七・九月号。

「知っておきたい放射能汚染（座談会）」『婦人之友』二〇一一年一一月号。

「新潟水俣病と福島原発事故から学ぶこと〜自然・人間・地域と共生した持続可能な農業と地域社会の再生に向けて〜」『持続可能な社会をつくる共生の時代へ――農の力と市民の力による地域づくり』CSOネットワーク、二〇一三年。

「原発事故被害・被災地の農業復興と振興」『月刊地方自治』二〇一三年六号。

おもなマスコミ取材（新聞・テレビなど）

「放射性物質を減らせ〜福島・限界に挑む農家たち〜」NHK『クローズアップ現代』二〇一一年一一月八日。

福島原発災害連鎖三・一一から「食」二年目の挑戦②③『福島民友新聞』二〇一二年四月一七日。

「〝里山〟汚染メカニズムを解明せよ〜福島農業・二年目の模索〜」NHK『クローズアップ現代』二〇一二年六月二〇日。

『美味しんぼ110巻　福島の真実1』二〇一二年九月。

フランス・ドイツ共同テレビARTE『原発事故による福島農家の苦悩』二〇一二年一二月二日（http://www.arte.tv/fr/japon-terres-souillees/7092024,CmC=7092028.html）。

「それでも希望の種をまく〜福島農家2年目の試練〜」TBS『報道の魂』二〇一三年二月四日。

「希望の種を蒔きたい〜地域の農業再生を目指した福島のコメ農家の挑戦〜」NHKラジオ『震災特集』二〇一三年三月一〇日。

『福島の農地再生を』NSTスーパーニュース二〇一三年六月一九日。

〈著者紹介〉
野中　昌法（のなか・まさのり）
1953年　栃木県安蘇郡葛生町（現・佐野市）生まれ。
1987年の新潟大学赴任直後から新潟水俣病被害者の支援活動に参加。前年のチェルノブイリ原発事故を受けて放射性物質の農業への影響について講義を始める。また、日本国内に加えて、トルコ、中国、インドネシア、タイなどで現地研究者・農家とともに、有機農業の調査と土壌修復を行う。2011年の東日本大震災と原発事故以降は、いち早くブログで情報と分析を発信。5月から福島県で農業復興調査研究を開始し、継続中。
現　在　新潟大学自然科学系教授。農学博士（東京大学）。日本有機農業学会理事、NPO法人有機農業技術会議理事、新潟水俣環境賞選考委員長、郡山市農業振興アドバイザー。
専　門　有機農業学・土壌環境学。
共　著　『阿賀よ伝えて——103人が語る水俣病』（新潟水俣病40周年記念誌出版委員会、2005年）、『四日市学——未来をひらく環境学へ』（風媒社、2005年）、『放射能に克つ農の営み——ふくしまから希望の復興へ』（コモンズ、2012年）、『福島原発事故の放射能汚染——問題分析と政策提言』（世界思想社、2012年）など。

〈有機農業選書6〉
農と言える日本人
二〇一四年四月一五日　初版発行
著　者　野中　昌法

編集協力　日本有機農業学会
発行者　大江正章
発行所　コモンズ
東京都新宿区下落合一—五—一〇—一〇〇二
TEL〇三（五三八六）六九七二
FAX〇三（五三八六）六九四五
振替　〇〇一一〇—五—四〇〇一二〇
info@commonsonline.co.jp
http://www.commonsonline.co.jp/
印刷・東京創文社／製本・東京美術紙工
乱丁・落丁はお取り替えいたします。
ISBN 978-4-86187-115-3 C 0061

＊好評の既刊書

放射能に克つ農の営み　ふくしまから希望の復興へ
●菅野正寿・長谷川浩編著　本体1900円＋税

原発事故と農の復興　避難すれば、それですむのか?!
●小出裕章・明峯哲夫・中島紀一・菅野正寿　本体1100円＋税

有機農業の技術と考え方
●中島紀一・金子美登・西村和雄編著　本体2500円＋税

地産地消と学校給食　有機農業と食育のまちづくり〈有機農業選書1〉
●安井孝　本体1800円＋税

有機農業政策と農の再生　新たな農本の地平へ〈有機農業選書2〉
●中島紀一　本体1800円＋税

ぼくが百姓になった理由《わけ》　山村でめざす自給知足〈有機農業選書3〉
●浅見彰宏　本体1900円＋税

食べものとエネルギーの自産自消　3・11後の持続可能な生き方〈有機農業選書4〉
●長谷川浩　本体1800円＋税

地域自給のネットワーク〈有機農業選書5〉
●井口隆史・桝潟俊子編著　本体2200円＋税

天地有情の農学
●宇根豊　本体2000円＋税

食べものと農業はおカネだけでは測れない
●中島紀一　本体1700円＋税

パーマカルチャー（上・下）　農的暮らしを実現するための12の原理
●デビッド・ホルムグレン著／リック・タナカほか訳　本体各2800円＋税

有機農業選書刊行の言葉

二一世紀をどのような時代としていくのか。社会は大きな変革の道を模索し始めたように思われます。向かうべき方向は、農業と農村を社会の基礎にあらためて位置づけること以外にあり得ないでしょう。

有機農業はすでに七〇年余の歴史を有する在野の農業運動です。それは新たな農業のあり方を示すだけでなく、地球と人類社会のあり方に関しても自然との共生という重要な問題提起をしてきました。時代の転換が求められるいまこそ、有機農業の問いかけを社会全体が受けとめていくときです。

この有機農業選書は、有機農業についてのさまざま知見を、わかりやすく、かつ体系的に取りまとめ、社会に提示することを目的として刊行されました。本選書の積み上げのなかから、有機農業の百科全書的世界が拓かれることをめざしていきたいと考えます。